图1-1-1 屏风

(a)

(b)

图1-1-5 简约主义风格

图1-1-2 架子床

(a)

(b)

图1-1-6 自然主义风格

(a)

(b)

图1-1-7 新古典主义风格

图1-1-8 个性彰显风格

图1-1-9 中式风格

图1-2-3　印花窗帘

图1-2-4　色织窗帘

图1-2-5　沙发垫和靠垫

图1-2-8　不同风格的全套床上用品

图1-2-9　毛巾

图1-2-10　浴袍

图1-2-11　马桶盖布和地垫

图1-2-12　台布

图1-2-13　餐垫

图1-2-14　小型壁毯

图2-3-1　阻燃地毯

图2-3-2　阻燃窗帘

图3-1-1　提高悬垂感的窗帘图案

图3-1-2　与沙发及靠垫相适宜的图案

图3-1-3　体现变化与统一法则的图案

图3-1-4　体现对称法则的图案

图3-1-8　体现安定与比例法则的图案

图3-1-9　体现动感法则的图案

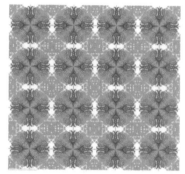

图3-1-11 体现统觉法则的图案

图3-1-18 寓意法

图3-1-19 求全法

图3-1-23 图案中面的运用

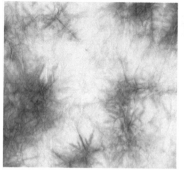

图3-1-24 图案中晕染的运用

图3-1-25 图案中退晕的运用

图3-1-28 图案中喷绘的运用

图3-1-29 清地布局

图3-1-30 满地布局

图3-1-31 绝对对称

图3-1-32 相对对称

图3-1-33 均衡式

图3-1-34　形体适合

图3-1-35　角隅适合

图3-1-36　边缘适合

图3-1-37　二方连续

图3-1-38　四方连续

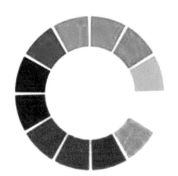

图3-2-1　色相环

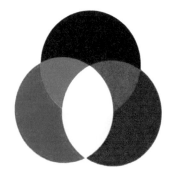

图3-2-2　色光的三原色混合

图3-2-3　颜料的三原色混合

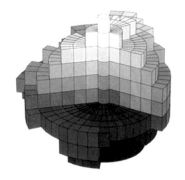

图3-2-5　孟塞尔色立体

图3-2-6　孟塞尔色立体色样

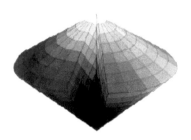

图3-2-7　奥斯特瓦德色立体

图3-2-9　色彩的兴奋感

图3-2-10　色彩的沉静感

图3-2-11　暖色

图3-2-12　冷色

图3-2-13　色彩的轻感

图3-2-14　色彩的重感

图3-2-15　色彩的膨胀感

图3-2-16　色彩的收缩感

图3-2-17　色彩的华丽感

图3-2-18　色彩的质朴感

图3-2-19　色彩的活泼感

图3-2-20　色彩的阴郁感

图3-2-21 色彩的软感

图3-2-22 色彩的硬感

图3-2-23 强色相的对比

图3-2-24 色彩的明度对比

图3-2-25 色彩的纯度对比

图3-2-26 色彩的冷暖对比

图3-2-27 色彩的面积对比

(a) 类似色相

(b) 类似明度

(c) 类似彩度

图3-2-29 类似调和

7

图3-2-30 对比调和

图4-1-1 羊毛地毯

图4-1-2 新疆丝毯

图4-1-3 黄麻地毯

图4-1-4 化纤地毯

图4-1-5 威尔顿机织地毯纹理

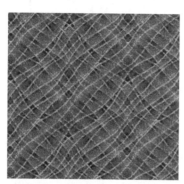

图4-1-6 阿克斯明特机织地毯纹理

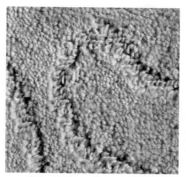

图4-1-7 簇绒地毯

图4-1-8 非织造地毯

图4-1-9 圈绒地毯

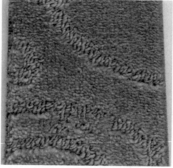

图4-1-10 割绒地毯

图4-1-11 北京式地毯

图4-1-12　美术式地毯

图4-1-13　彩花式地毯

图4-1-14　京彩式地毯

图4-1-15　古纹（典）式地毯

图4-1-17　两种东方式地毯图案

图4-1-16　锦纹式地毯

图4-2-1　窗纱织物

图4-2-6　素织物窗帘

图4-2-7　印花窗帘

图5-2-12　门帘

图5-2-14　装饰艺术用

图4-2-20　花草形花条子图案

图4-2-21　窗帘的图案与色彩

图4-2-22　门帘的图案与色彩

图4-3-1　条格色织床单

图4-3-2　印花床单

图4-3-3　真丝软缎被面

图4-3-4　绗缝被子

图4-3-5　印花被罩

图4-3-6　床笠

图4-3-7　毛巾被

图4-3-11　中式枕套

图4-3-12　西式枕套

图4-3-13　中式床单的图案与色彩

图4-3-14　西式床单的图案与色彩

图4-3-15　被面的图案与色彩

图4-3-17　织锦床罩的图案与色彩

图4-3-18　绗缝床罩的图案与色彩

图4-4-1　沙发套

图4-4-2　椅子套

图4-4-3　坐垫

图4-4-4　靠垫

图4-4-5　织锦台毯

图4-4-6　印花台布

图4-4-7　抽纱台布

图4-4-8　缕纱台布

图4-4-9　刺绣台布

图4-4-10　复合织物座椅套

图4-4-11　茶几盖布

图4-4-15　素色淡雅桌布

图4-4-16　花卉图案桌布

图4-4-17　条格桌布

图4-4-18 缎条桌布

图4-5-2 超细纤维织物

图4-5-3 木棉纤维毛巾

图4-5-4 竹纤维织物

图4-5-5 割绒毛巾

图4-5-6 提花毛巾

图4-5-7 无捻纱毛巾

图4-5-8 蛋白质保健纤维毛巾

图4-5-11 浴毯

图4-5-15 防烫手套

图4-5-16 高吸水毛巾

图4-5-17 簇绒地巾

图4-5-18 丝光台布

图4-6-1 提花织物墙布

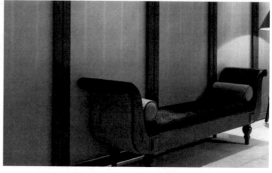

图4-6-2 绒类织物墙布

图4-6-3 毛圈织物墙布

图4-6-4 印花墙布

图4-6-5 非织造墙布

图4-6-6 植绒墙布

图4-6-7　麻织墙布

图4-6-8　玻璃纤维墙布

图4-6-9　素色墙布

图4-6-10　酷感时代墙布

图4-6-11　浪漫花都墙布

图4-6-12　东方异彩墙布

图4-6-13　异域风情墙布

图4-6-14　多彩拼接墙布

图4-6-15　卡通墙布

图4-6-16　粗犷颗粒墙布

图4-6-17　天然质感墙布

图4-6-18　木质淳朴墙布

图4-6-19　典雅条纹墙布

图6-1-1　天然彩棉纵向形态

图6-1-2　天然彩棉床上用品

图6-1-3　天然彩棉墙布

图6-1-5　木棉纤维应用于隔热隔声墙布

图6-1-6　香蕉纤维面料

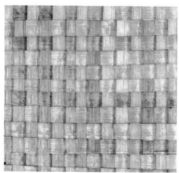

图6-1-7　香蕉纤维编织物

图6-1-8　改性羊毛被

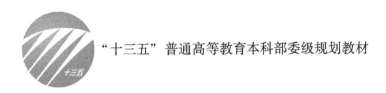

"十三五"普通高等教育本科部委级规划教材

# 装饰用纺织品

崔　红　毕红军　主　编

高大伟　副主编

中国纺织出版社

# 内 容 提 要

本书较全面地介绍了装饰用纺织品纤维原料、加工技术、图案与色彩设计、产品开发、处理技术以及新纤维、新技术在产品开发方面的应用。同时按用途分类分别介绍了六大类装饰用纺织品,如地面铺设类、挂帷遮饰类、床上用品类、家具覆饰类、卫生餐厨类和墙面贴饰类等纺织品的分类、基本功能与性能要求、图案与色彩设计特点以及产品开发趋势等。

本书为高等纺织院校纺织工程专业的教材,尤其适合纺织品设计、家用纺织品设计专业方向作为学习、参考用书,也可作为有关科研、设计、工程技术、商贸、管理人员的参考用书。

**图书在版编目(CIP)数据**

装饰用纺织品/崔红,毕红军主编. --北京:中国纺织出版社,2018.9(2024.8重印)
"十三五"普通高等教育本科部委级规划教材
ISBN 978-7-5180-5291-2

Ⅰ. ①装… Ⅱ. ①崔… ②毕… Ⅲ. ①装饰制品-纺织品-高等学校-教材 Ⅳ. ①TS107

中国版本图书馆 CIP 数据核字(2018)第 177413 号

责任编辑:符 芬 责任校对:楼旭红 责任印制:何 建

中国纺织出版社出版发行
地址:北京市朝阳区百子湾东里 A407 号楼 邮政编码:100124
销售电话:010-67004422 传真:010-87155801
http://www.c-textilep.com
中国纺织出版社天猫旗舰店
官方微博 http://weibo.com/2119887771
北京虎彩文化传播有限公司印刷 各地新华书店经销
2018 年 9 月第 1 版 2024 年 8 月第 3 次印刷
开本:787×1092 1/16 印张:12.5 插页:8
字数:233 千字 定价:58.00 元

随着纺织工业的不断发展，装饰用纺织品近年取得了蓬勃的发展。装饰用纺织品的运用使得居住环境更有文化内涵、更加舒适美观，使人们生活更加充满了情趣。装饰用纺织品的性能取决于纤维原料、纱线加工技术、织造加工技术、织物设计、织物处理技术等各个环节。特别是在织物设计中，涉及纹织物设计。鉴于国内系统介绍装饰用纺织品的资料较少，我们动员了一些纺织院校中近年来从事装饰用纺织品的研究、开发、应用及教学方面的专家、教授共同编写了《装饰用纺织品》一书。他们各自承担的编写内容，都源自其近年来在这个领域教学与科研的心得体会。本书以装饰用纺织品为主要内容，涉及知识面广，内容丰富，参考性强。对从事或准备从事装饰用纺织品开发、应用的技术人员也会有很大的启发和帮助。

本书由崔红和毕红军担任主编，高大伟担任副主编。第一章、第四章、第五章第一节由盐城工学院崔红编写，第二章第一～第三节、第六章由盐城工学院高大伟编写，第二章第四节由河南工程学院高秀丽编写，第三章由盐城工学院毕红军编写，第五章第二节由盐城工学院林洪芹编写，第五章第三节由天津工业大学时晨编写，第五章第四节由天津工业大学张淑洁编写。初稿由宋孝浜教授审阅。

本书在编写过程中得到王春霞老师、季萍老师、郭岭岭老师的大力支持和帮助，在此表示衷心的感谢。

由于编者水平有限，书中存在缺漏和错误难免，请读者批评指正。

编者

2018 年 1 月

# Contents
# 目 录

# 第一章 装饰用纺织品概述

## 本章知识点

1. 装饰用纺织品的定义。

2. 装饰用纺织品的特点。

3. 装饰用纺织品的构成要素。

4. 装饰用纺织品在空间中的作用。

5. 装饰用纺织品的分类。

6. 装饰用纺织品的功能和性能特点。

装饰用纺织品是正在快速发展中的纺织品，市场前景极为乐观。装饰用纺织品使用范围很广，它涉及家庭生活环境的美化，宾馆、旅游事业的发展，汽车、火车、飞机、轮船等交通工具的装备等各个领域。随着人们生活水平的不断提高，装饰用纺织品在纺织品中的比重越来越大，特别是在家居环境美化中，装饰用纺织品已经成为表达个性和反映生活情趣的信息载体，装饰用纺织品的运用可使静态、单纯、一览无余的空间变为动态、充满情趣、高雅富有情感的空间。与此同时，装饰用纺织品的运用使得居住环境增添了更多的文化内涵，其独特的色彩图案、材质肌理能够使人们获得丰富而舒适的生活感受。

## 第一节 装饰用纺织品的基本概念

### 一、装饰用纺织品的定义

根据所涵盖的范围，装饰用纺织品的定义有广义和狭义之分。

广义装饰用纺织品指的是用于美化环境的实用纺织品的总称，是指由纱线、织物等材料加工而成的，可直接用于家居、宾馆、会议室等场所以及飞机、汽车、火车等交通工具内的所有纺织制品的总称。

狭义装饰用纺织品是专指在室内环境中，主要是家居环境中所用的装饰用纺织品。

### 二、装饰用纺织品的特点

室内装饰是色、质、光、形的组合，而装饰用纺织品在这几方面都具有其他装饰材料所无法比拟的特性。

**1. 质** 纺织品本身的材质决定了它是营造良好室内环境的主要材料之一，常被誉为"软装饰"，相对于"硬装饰"（家具、花岗石、瓷砖、玻璃、金属、木材等硬质材料）而言，它具有自然的亲和力，可以大大缓解家具、家用电器、陈设品带来的直线条的僵硬感；同时，纺织品自然的质地冲淡了光洁平面造成的冷漠感，从触觉上使人感到亲切、舒适，丰富的质地变化更让纺织品富有特殊的吸引力。

**2. 色** 纺织品丰富的色彩、变化多端的纹样以及广泛的可使用性是室内其他装饰材料所不及的，纺织品的色彩与图案可以极大地丰富室内的视觉效果。

**3. 光** 纺织品的表面光泽、闪光或哑光在与室内光线、灯光的配合中显示出无穷魅力，窗纱、帷幔更是营造朦胧意境的必备材料。

**4. 形** 纺织品柔软的特性赋予它极强的可塑性，既可以塑造出具有飘逸感的窗帘、帷幔，又可塑造出厚实的实物形态。

### 三、装饰用纺织品在空间中的作用

装饰用纺织品作为室内设计的一部分，从属于整个室内环境，必须要与室内的整体风格相统一，应兼顾其实用功能和审美功能。

**1. 空间的分隔和联集** 室内空间的狭小与宽敞之感，直接取决于空间构造，而装饰物品在排列时的面积大小、位置、方向、质地的粗细、色彩的冷暖、纯度差、明度差的变化以及色彩的前进与后退的启示可以改变这种感觉。不同的图案材质的运用使得空间有扩大感和缩小感。在现代建筑中，一个空间通常具有多种功能，因此，在进行室内设计时常常需要对某些空间进行重新划分、限定。所谓限定空间就是利用竖向或者横向悬挂的织物，对空间进行围合，限定出具有某种氛围或者功能的空间。装饰用纺织品以其特有的质感，以及色彩、形态、图案等，能够创造出丰富的空间层次。

（1）帷幔、帘帐、屏风。帷幔、帘帐、屏风（图1-1-1）等能够划分室内空间，这种设计具有很大的灵活性，能做到空间流通开敞、可分可合，提高空间的利用率和使用质量。在我国传统卧室和西方古典卧室设计中，通常采用帐、幔、围、帘等装饰用纺织品，一方面可以分隔空间，形成相对单纯再造的独立空间；另一方面可以推动空间扩张感与流动感。

图1-1-1 屏风

（2）架子床。架子床（图1-1-2）在卧室的大空间里利用床架和帘帐创造了一个小的私密空间，人们在安定、私密的空间内感到舒适、安逸。由于织物的透气性和纱帐的半透明性，小空间不是完全封闭沉闷的。

（3）地毯（图1-1-3）。在装饰用纺织品铺设中，面积大小不等的地毯以及铺设区域与家具陈设相配合，可以给人们心理上带来虚拟的空间感受，形成一个单独的活动单元，并能增强局域空间的交流气氛和空间亲和感，也使得整体空间与局部空间形成对立统一。

图 1-1-2　架子床

图 1-1-3　地毯

**2. 空间尺度的调整**　织物的特性是质地柔软、手感舒适、给人亲近感，因而，装饰用纺织品除了单纯的功能上的配合，更多的是调和室内装修中生硬的、冰冷的、呆板的墙面、家具和地板，通过织物柔和、弱化、重组室内空间中的棱角，使之有机地成为一个整体。装饰用纺织品使用范围广，覆盖面积大，受建筑结构的制约较小，色彩、图案、质感等有很强的灵活性，如地毯、窗帘等。它对于调整室内空间尺度有着重要的影响，如竖向线条图案的窗帘和壁布能使空间显得高旷，形成增宽、拉长、面积增大等视觉效果。

**3. 环境气氛的创造**　装饰用纺织品作为一种特定的表达个性追求和生活情趣的信息载体，已成为现代室内环境中不可缺少的组成部分，同时也成为品评、衡量生活质量的主要标准之一。特别是在现代社会中，人们更渴望在各式各样的硬质装修外，通过纺织品的装饰来创造柔软、温馨、舒适的生活氛围，创造人性化、个性化、时尚化、情调化的环境，使室内环境和人的关系更加密切、融洽。装饰用纺织品作为室内环境中多变的装饰媒介，不但需要满足人们多元的、开放的、多层次的时尚追求，还能够为室内环境注入更多的文化内涵。

装饰用纺织品在满足使用功能的同时，还能够创造室内的气氛、意境。气氛即内部空间环境给人的总体印象，如欢快热烈的喜庆气氛，亲切随和的轻松氛围，高雅清新的文化艺术氛围；而意境则是室内环境所要集中体现的某种思想和主题，与气氛相比较，意境不仅是被人感受，还能使人浮想联翩，是一种精神世界的享受。

**4. 视觉中心的构成**　室内环境的色彩是室内环境设计的灵魂，在一个固定的环境中最先闯入视觉感官的是色彩。在居室中人们会自然地把眼光放在占有大面积色彩的陈设织物上，因而陈设织物的色彩既可作为主体色彩存在，又能起到点缀作用。而装饰用纺织品可

3

以成为室内环境中的视觉中心，其中美丽的图案、精致的工艺、生动有趣的形态都能吸引人们的视线。如卧室在室内环境中运用装饰用纺织品最多，因为这一空间的主体是床和床上用品以及占一面墙壁面积的窗帘，床上用品常被当作主体色彩来定义居室的格调，窗帘的色调既可与床上用品颜色类似，也可以相互补色。

### 四、装饰用纺织品的构成要素

**1. 款式** 款式即装饰用纺织品的内、外部造型样式。一般来说，装饰用纺织品的款式由外部轮廓、内部结构和部件等方面构成。

**2. 色彩** 丰富的色彩使家用纺织品形成强烈的视觉效果，具有极强的表现力，不同的色彩还能表达不同的色彩感情。充分利用色彩要素进行合理的配置，对体现设计内涵有极强的作用。

**3. 图案** 图案是纺织品非常重要的构成要素之一，也是纺织品材料与其他装饰材料相比独具特色的要素。各种形式、风格的图案，无论是面料本身的图案还是利用装饰工艺形成的装饰图案，都是表现设计思想的重要因素。

**4. 材料** 材料是款式、色彩和图案的物质载体。根据材料的主次关系，装饰用纺织品的材料可分为面料和辅料两部分。材料本身丰富的肌理效果和风格特征是形成装饰用纺织品独特外观的重要因素。

装饰用纺织品材料特有的温暖柔软特性使人产生触摸、接触欲望，使人的心理产生平和与亲切的感受。织物的纤维不同，织造工艺不同，处理方法不同，能产生的质感效果也不同。织物外观质地的粗糙与光滑，柔软与坚挺，起绒与平纹及凹凸变化等，就是根据纤维、织造方法和处理工艺的不同来实现的，这是织物特有的性能，它所产生的触感效果与视觉效果同样重要。

### 五、装饰用纺织品的空间风格

**1. 地域民族风格** 不同的地域有不同的传统文化、地方风格、历史背景、社会风尚，不同的民族有不同的风俗习惯、民族特点。装饰用纺织品的颜色和花型，通过提取地方文化符号和传统风格特点，可以直接反映不同民族的传统，更具有浓厚的民族气息。例如，具有波斯传统纹样和织造工艺的地毯织物可以营造出具有西亚民族地方特色的室内空间气氛（图1-1-4）。

**2. 时尚流行风格** 时尚流行风

图1-1-4 波斯地毯

格包括简约主义风格、自然主义风格和新古典主义风格。

（1）简约主义风格。简约主义风格的特色是将设计的元素、色彩、照明、原材料简化到最少的程度，但对色彩、材料的质感要求很高。因此，简约的空间设计通常非常含蓄，往往能达到以少胜多、以简胜繁的效果。其效果如图1-1-5所示。

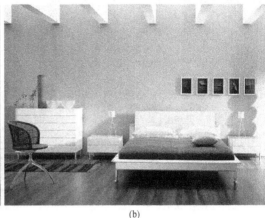

(a)        (b)

图1-1-5 简约主义风格

（2）自然主义风格。自然风格的织物可以拉近现代人与自然之间的距离，其在图案上一般以自然界的动植物为主，如花草、树木、小鸟、海洋生物等，而色调一般偏向天蓝、草绿、粉红、浅黄等，给人以亲切、简朴、自然大方的轻松休闲气氛。在室内空间中装饰简洁而细腻的线条、碎花、方格棉麻质的织物，可使人的身心感到无比舒展、宁静。其效果如图1-1-6所示。

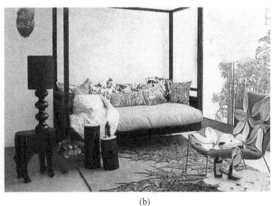

(a)        (b)

图1-1-6 自然主义风格

（3）新古典主义风格。新古典主义风格的特点是追求合理的结构和简洁的形式，使古典元素在现代潮流下，雕琢凝练得更加含蓄、精致，更符合现代家居和现代人对居住空间的要求。新古典主义风格的布艺用品，在材料选择方面，以纯棉、绸缎、锦缎等素材为主，制作出印花、刺绣、提花，在细部创意上，则注重蕾丝花边的加工，极力营造立体美；色彩方面，永不退出流行的白，依然是设计的重点，为彰显雪白床单的洁净细致，在细部花纹上则用镶绣、镂花、缎带造型，营造雅致的感觉。其效果如图1-1-7所示。

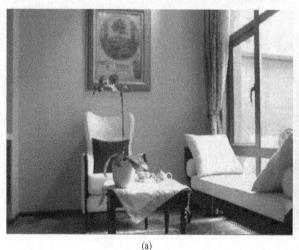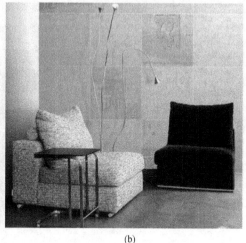

(a)                    (b)

图1-1-7  新古典主义风格

**3. 个性彰显风格**  现代社会多样而复杂，不同思想观念、文化背景、兴趣爱好，不同生活习惯、职业特点，使人们更加崇尚个性而不强求一致。人们对室内纺织品多元风格的追求实际上反映出人们个性化室内装饰风格的理想。其效果如图1-1-8所示。

图1-1-8  个性彰显风格

**4. 中国本土风格**  "中国风"的装饰用纺织品是将龙、凤、汉字、太极图、宝相花、青花瓷、亭台楼阁、小桥流水等运用到纺织品设计中，起到创造空间气氛，体现浓烈中国本土文化氛围的作用。中餐厅的桌布、餐垫、椅垫选择充满喜庆的暖色系，如金、橙、红、褐等色来搭配传统的绸缎面料，再加上一些传统的吉祥图案，如佛手、石榴、莲藕的刺绣，让人赏心悦目。这样的装饰用纺织品搭配中式家具烘托出喜悦与高雅的氛围，同时感受多方面中国传统文化。其效果如图 1-1-9 所示。

图 1-1-9　中式风格

各种织物风格和相对应的文化空间氛围见表 1-1-1。

表 1-1-1　织物风格与相对应的文化空间氛围

| 织物装饰风格类型 | 织物纹样类型 | 织物色彩偏向 | 对应空间类型 |
| --- | --- | --- | --- |
| 地域民族风格 | 波斯纹样、佩洛滋纹样、阿拉伯卷草纹、友禅纹样等 | 咖喱黄、松石绿、藏红、玫瑰紫 | 异域风格家居空间 |
| 简约主义风格 | 几何纹样、水体派纹样等 | 本白、奶油白、银灰、灰黑、日光黄 | 北欧风格家居空间（功能主义） |
| 自然主义风格 | 花卉纹样、条格纹样、蓝印花布、扎染、蜡染等 | 浅香橙、玉兰白、香草黄、海蓝、草绿、蔷薇红 | 田园风格家居空间 |
| 新古典主义风格 | 朱伊花纹、徽章花纹、洛可可花纹、罗马纹等 | 金色、紫罗兰、酒红、黑色、瓷蓝 | 怀旧风格家居空间 |
| 个性主义风格 | 波普纹样、光影纹样、马罗克纹样等 | 淡褐灰、奶油白、深藏蓝、橘红色 | 另类风格家居空间 |
| 中国传统风格 | 宝相花纹样、缠枝纹样、团花纹样、织花纹样等 | 大红、金红、银灰、绛紫、宝蓝 | 中式风格家居类型 |

## 第二节　装饰用纺织品的分类

装饰用纺织品的种类很多，由于基本形态、用途、制作方法不同，各类产品表现出不同的风格与特色。装饰用纺织品按用途分类主要包括地毯、墙布、窗帘、台布、沙发及靠垫等，这类纺织品的色彩、质地、柔软性及弹性等均会对室内的质感、色彩及整体装饰效果产生直接影响。合理选用装饰用纺织品，既能增强室内豪华气氛，又给人以柔软舒适的感觉。此外，装饰用纺织品还应具有保温、隔声、防潮、防蛀、易清洗和熨烫等功能特点。

## 一、根据产业分类

根据装饰用纺织品在纺织业中的行业类型进行分类，可以分为：巾、床、厨、帘、艺、毯、帕、线、袋、绒。

**1. 巾**　毛巾、浴巾、毛巾被、沙滩巾及盥洗织物。

**2. 床**　各种床上用品，包括蚊帐类。

**3. 厨**　厨房、餐桌用的各种纺织品。

**4. 帘**　各种窗帘、装饰帘，包括用于窗帘装饰的绳。

**5. 艺**　各种布艺、抽纱制品、布艺家具、摆设、垫类、花边等。

**6. 毯**　各种毯类，包括棉、毛、化纤毡、地毯、装饰毯等。

**7. 帕**　各种手帕、头巾、装饰巾。

**8. 线**　各种原料的缝纫线、绣花线，各种带类（国外有几百种，中国还仅限于传统的几十种）。

**9. 袋**　各种纺织品类的包、兜、袋（除产业用袋）。

**10. 绒**　各种静电植绒面料。

## 二、根据用途分类

**1. 地面铺设类**　地面铺设类纺织品是指覆盖在地面上用于防滑、防尘、保暖的装饰用纺织品，主要有地毯和地垫两大类。可用于多种室内环境，如盥洗室、客厅、儿童房、玄关以及其他的室内空间。图1-2-1为机织地毯，图1-2-2为单块工艺毯。

图1-2-1　机织地毯

图1-2-2　单块工艺毯

地毯，是以棉、麻、毛、丝、草等天然纤维或化学合成纤维类原料，经手工或机械工艺进行编结、裁绒或纺织而成的地面铺敷物。它是世界范围内具有悠久历史传统的工艺美术品类之一。地毯具有吸音、保温、行走舒适和装饰的作用。地毯按材质可分为纯毛地毯、化纤地毯、混纺地毯、塑料地毯、橡胶地毯、植物地毯；按编织结构可分为（手工）打结地毯、裁绒地毯、簇绒地毯、非织造地毯；按规格用途可分为标准机织地毯、单块工艺毯、走廊专用毯、方块拼接地毯。

**2. 挂帷遮饰类**　挂帷遮饰类纺织品是指以悬挂的形式在室内起到遮挡视线、分隔空间、装饰等作用的装饰用纺织品，主要有窗帘、门帘、屏风以及帷幔等。这类装饰用纺织品的面积较大，对室内的装饰效果起着重要的作用。窗帘的主要作用是与外界隔绝，保持居室的私密性，同时它又是不可或缺的装饰品。冬季，拉上幔帐式的窗帘将室内外分隔成两个世界，给屋里增加了温馨的暖意。现代窗帘，既可以减光、遮光，以适应人对光线不同强度的需求；又可以防风、除尘、隔热、保暖、消声，改善居室气候与环境。因此，装饰性与实用性的巧妙结合，是现代窗帘的最大特色。图 1-2-3 为印花窗帘，图 1-2-4 为色织窗帘。

图 1-2-3　印花窗帘　　　　　　　　　　图 1-2-4　色织窗帘

**3. 家具覆饰类**　家具覆饰类纺织品主要是指覆盖于家具之上的织物，具有保护和装饰的双重作用，主要有沙发布、沙发套、椅垫、椅套、台布、台毯等。此外，还有用于公共运输工具，如汽车、火车、飞机上的椅套与坐垫织物。图 1-2-5 为沙发垫和靠垫。

按使用场合分为蒙面罩用家具布和小型饰品及家用电器用覆盖织物。蒙面罩用家具布和小型饰品主要是指桌椅、箱柜蒙面罩用材料和有局部实用功能的小型室内装饰制品，前者有沙发布、桌椅布、台布台毯、箱柜罩布或贴面布等，后者如各种坐垫、靠垫等。而家用电器用覆盖织物是指电视机、音响器材、电冰箱、洗衣机、消毒柜等家用电器覆盖布，主要起到美观防护作用。

**4. 墙面贴饰类**　墙面贴饰类纺织品主要是指覆盖在墙面上利用纺织品的肌理效果和图案效果起到装饰作用的纺织品，主要有墙布等。墙布是通过运用材料、设备与工艺手法，以色彩与图纹设计组合为特征、表现力无限丰富，可便捷满足多样性个性审美要求与时尚需求的室内墙面装饰材料。墙布也被称为墙上的时装，具有艺术与工艺附加值。

这里主要介绍四种墙布：非织造墙布（图 1-2-6）、化纤墙布（图 1-2-7）、棉纺墙布、高级墙布。

图 1-2-5　沙发垫和靠垫

图 1-2-6　非织造墙布

非织造墙布是采用棉、麻等天然纤维或涤、腈等合成纤维，经过非织造成型、上树脂、印刷彩色花纹等工序而制成。非织造贴墙布的特点是挺括、富有弹性、不易折断，纤维不老化、不散失，对皮肤无刺激作用，墙布色彩鲜艳、图案雅致，能够适用于各种建筑物的室内墙面装饰，尤其是涤纶非织造墙布。

图 1-2-7　化纤墙布

化纤墙布是以化学纤维织成的布为基材，经一定处理后印花而成。常用的化学纤维有黏胶纤维、醋酸纤维、丙纶、腈纶、锦纶、涤纶等。化学纤维贴墙布具有无毒、无味、透气、防潮、耐磨、不分层等特点，适用于宾馆、饭店、办公室、会议室及民用住宅的内墙面装饰。图 1-2-7 为化纤墙布。

棉纺墙布是以纯棉平布为基材经过处理、印花、涂布耐磨树脂等工序制作而成。这种墙布的特点是强度大、静电小、蠕变性小、无光、吸声、无毒、无味，对施工人员和用户均无害，花型色泽美观大方，用于宾馆、饭店及其他公共建筑和较高级的民用住宅建筑中的内墙装饰。

高级墙布是指锦缎、丝绒、呢料等织物。这些织物由于纤维材料不同，制造方法不同以及处理工艺不同，所产生的质感和装饰效果不同。常被用于高档室内墙面的贴挂装饰，也可用于室内高级墙面的裱糊，主要用于高级建筑室内窗帘、柔隔断或贴挂，适于高级宾馆等公共厅堂柱面的裱糊。

**5.床上用品类** 床上用品类纺织品是指覆盖在床体上用于睡眠休息的装饰用纺织品，主要有床单、床罩、被子、被套、枕套、枕头、靠垫、抱枕、床帷、蚊帐、睡袋等。这类装饰用纺织品一直是家庭的必备品，也是目前家纺市场的主导产品。图1-2-8为两种不同风格的床上用品。

图1-2-8　不同风格的全套床上用品

**6.卫生盥洗类** 卫生间和浴室是形成整个住房环境的重要因素，卫生盥洗织物是装饰用纺织品的重要组成部分。卫生盥洗类纺织品包括方巾、毛巾、浴巾、防滑地巾、擦背巾、马桶盖布、坐垫套、地垫、卫生纸套以及各种小装饰物。其原料以全棉产品为主，也有少量的混纺织物，应用场所主要为宾馆、饭店、家庭，给整个环境带来整洁、美观、协调的气氛，使人产生舒适愉快的感觉。

图1-2-9～图1-2-11分别为毛巾、浴袍、马桶盖布和地垫。

图1-2-9　毛巾

图 1-2-10 浴袍

图 1-2-11 马桶盖布和地垫

**7. 餐厨杂饰类** 餐厨杂饰类纺织品主要是指用于餐厅、厨房内的装饰用纺织品，如台布、餐巾、餐垫、杯垫、碗垫、茶壶套、果物篮、锅垫、锅罩等。图 1-2-12、图 1-2-13 分别为台布和餐垫。

图 1-2-12 台布

图 1-2-13 餐垫

**8. 艺术纤维类** 艺术纤维类纺织品是指以纤维为材料进行纯艺术设计的装饰类壁挂，又被称为"软雕塑"。它体现了纤维的创造性应用和材料造型的美观性。挂毯也称作"壁毯"。原料和编织方法与地毯相同，作室内壁面装饰用。壁毯装饰以山水、花卉、鸟兽、人物、建筑风光等为题材，国画、油画、装饰画、摄影等艺术形式均可表现。大型壁毯多用于礼堂、俱乐部等公共场所，小型壁毯多用于住宅、卧室等，如图 1-2-14 所示。

图 1-2-14　小型壁毯

### 三、根据制作方式分类

根据制作方法的不同，装饰用纺织品可以分为以下几类。

**1. 工业化制作的装饰用纺织品**　这类指工业化批量生产的装饰用纺织品。

**2. 定制的装饰用纺织品**　按照个人要求定制的装饰用纺织品，目前这种方式在窗帘设计上较常用。

**3. 自制的装饰用纺织品**　这类指使用者在家里自己制作的装饰用纺织品。

# 第三节　装饰用纺织品的功能和性能特点

### 一、装饰用纺织品的功能

**1. 烘托室内气氛、创造不同的环境意境**　气氛即内部空间环境给人的总体印象。如欢快热烈的喜庆气氛，亲切随和的轻松气氛，深沉宁重的庄严气氛，高雅清新的文化艺术气氛等。而意境则是内部环境所要集中体现的某种思想和主题。与气氛相比较，意境不仅被人感受，还能引人联想、给人启迪，是一种精神世界的享受。意境好比人读了一首好诗，随着作者走进他笔下的某种意境。织物的色彩和质感在烘托室内气氛，创造不同的环境意境方面有着相当重要的作用。不同的色调给人不同的心理感受：赏心悦目的色调，给人轻快的美感，能激起人们快乐、开朗、积极向上的情怀；灰暗的色调，给人以忧郁、烦闷的消极心理；蓝色系使人觉得寒冷，在炎热的夏季可以选用冷色调的织品配套，能起到降温作用；红色给人温暖感，在寒冷的冬季宜选用暖色调的织物组合，可以营造温暖的气氛。例如，在教室中，通常会采用蓝色的窗帘，创造出冷静、安宁的气氛，给人以细致缜密的环境感觉。挂在室内墙上的民族性挂毯，不禁把人们带入相隔遥远的异地他乡。

**2. 柔化空间，增加空间舒适感，调节环境色彩**　在家居环境中，家具颜色单一、色彩丰富的装饰织物给家居空间带来了柔和与生机、亲切和活力。天然纤维棉、毛、麻、丝等织物来源于自然，易于创造富于"人情味"的自然空间，从而缓和室内空间的生硬感，起到柔化空间的作用。装饰织物千姿百态的造型和丰富的色彩赋予室内以生命力，使环境生动活泼起来。需要注意的是，切忌为了丰富色彩而选用过多的点缀色，这将使室内显得凌乱。应充分考虑在总体环境色协调的前提下加以适当的点缀，以便起到画龙点睛的作用。

**3. 赋予空间个性，强化室内环境风格**　室内空间有不同的风格，如古典风格、现代风格、中国传统风格、乡村风格、朴素大方的风格、豪华富丽的风格等。装饰织物的合理选择对室内环境风格起着强化作用。因为织物本身的造型、色彩、图案、质感均具有一定的风格特征，所以，它对室内环境的风格的影响会进一步加强。

**4. 创造二次空间，丰富空间层次**　由墙面、地面、顶面围合的空间称作一次空间，由于它们的特性，一般情况下很难改变其形状，除非进行改建，但这是一件费时费力费钱的工程。而利用室内织物分隔空间就是首选的好办法。把这种在一次空间划分出的可变空间称作二次空间。在室内设计中，利用地毯、挂毯、窗帘等陈设创造出的二次空间，不仅使空间的使用功能更趋合理，而且使室内空间更富层次感。作为织物类的地毯可以创造象征性的空间，也称"自发空间"。在同一室内，有无地毯或地毯质地、色彩不同的地面上方空间，便从视觉上和心理上划分了空间，形成了领域感，比如大宾馆、大饭店的一层门厅，供给旅客办理住宿、手续、临时小憩，往往用地毯划分区域，用沙发分隔出小空间供人们休息、会客，而为铺设地毯的地面，往往作为流通和绿化的空间。豪华的总统客房往往在铺满地毯的上方，在会客的环境区域再铺上精致的手工编织地毯，除了起到划分空间的作用，同时也形成室内的重点。例如，在设计大空间餐厅时，不仅要从实际情况出发，合理安排座位，还要合理地分隔组织空间，从而达到不同的用途。大空间餐厅既作为一个整体存在，同时又是由许多个体构成的。可以利用餐桌椅与屏风组织构建小型用餐单元，在适当的地方配以帘或是地毯，既合理利用空间又丰富空间。总之，装饰织物能陶冶人的性情，启发人的情趣，在装饰中的地位非常重要。丰富多彩的织物，也给越来越多的居室带来一抹艳丽的色彩，供人们欣赏。织物作为室内空间的重要组成部分，在室内环境中占据着重要地位。把握织物艺术在空间设计中的自由发挥，必将创造出丰富多彩的人性空间，使人们生活质量得到提高。

**5. 空间的分隔**　用帷幔、织物屏风划分室内空间是我国传统室内设计中常用的手法。这种设计具有很大的灵活性，能做到空间流畅，可分可合，提高了空间的利用率和使用质量。

**6. 空间尺度的调整**　装饰用纺织品使用范围广，覆盖面积大，受建筑结构的制约较小，色彩、图案、质感等有很强的灵活性，如地毯、窗帘等。它对于调整室内空间尺度有着重要的影响。如竖线条图案的窗帘和壁布能使空间显得高旷。

## 二、装饰用纺织品的性能特点

空间织物的覆盖面积比较大，能构成室内环境的主要色调和温馨的气氛，能够使用空间环境体现特定的意境。包括体现民族和地区的特色，这是因为织物的色彩、图案和工艺本身就与民族、地区特色有着天然的联系。室内设计的过程中多用织物来表现，丰富空间层次感。织物的材料来源丰富，质地变化、图案变化、形态和色彩变化效果极其丰富。装饰性织物是游离于建筑之外的，拆装简便，留取容易。

利用装饰织物对室内环境进行设计和运用的过程中，只有对装饰织物的基本性能有所理解，才能够合理地选择、使用装饰织物，从而满足人们的各种需求。装饰织物的基本性能包括使用性能、舒适性能和耐久性能等，这些性能首先取决于纤维、纱线性能，并受织物组织结构和织物后整理工艺的影响。

**1. 使用性能** 使用性能是装饰织物最重要的性能之一，装饰织物的使用性能主要指人们关注的各种物理、化学指标，包括刚柔性、悬垂性、抗折皱性、收缩性、免烫性、抗起毛起球性、抗勾丝性、染色牢度、形态稳定性等。装饰织物在使用的过程中，不仅需要结实耐久、漂亮美观，而且需要舒适性能好。

**2. 舒适性能** 舒适性是织物为满足人体生理卫生和活动自如需要所必须具备的性能，舒适性的主要指标有吸湿性、吸水性、放水性、透气性、保暖性。

**3. 耐久性能** 耐久性是指织物抵抗因机械外力作用而造成破坏的性能。装饰织物在各种形式的外力作用下常常会受到损坏，其可分为两种：一种是受到较大应力和应变时产生的一次性破坏；另一种是在较小的应力和应变的反复作用下逐步被破坏。装饰织物在使用的过程中受力一次性破坏的机会并不多见，主要是受到不同外界条件的作用而逐渐降低其使用价值，磨损是造成织物破坏的主要原因。

织物的这些性能使其区别于坚硬、冰冷的钢铁水泥，亲和性更佳，通过装饰织物来营造柔软、温馨的舒适生活氛围，创造人性化、个性化、时尚化、情调化的空间，掩饰和弥补装潢方面的欠缺与不足，使室内环境和人的关系更加紧密，更为融洽。

# 第四节 装饰用纺织品的发展及其意义

## 一、装饰用纺织品的发展

世界各国纺织品的生产和市场销售主要分为三大类——服装用、装饰用和产业用。随着人们生活由温饱到小康到富裕的进程，对美化环境和陶冶情操的实用装饰织物的需求越来越迫切。因此，装饰用纺织品在纺织品总消费中所占的比例可以反映一个国家的工业水平及人们生活水平水准的高低。对于纺织装饰品设计人员来说，正确掌握、了解国际装饰品的发展动向和我国装饰织物的生产现状、开发方向是十分必要的。

### （一）在国外的发展

目前，国外的纺织装饰品生产与消费呈稳中有升之势，欧美许多工业发达国家纺织装饰品的制造与普遍使用已有较长历史，并已形成一个较为稳定的生产规模与消费市场。通常这些国家用于装饰织物生产的纺织原料约占纺织原料总消费的1/3。而亚洲一些新崛起的经济强国，其装饰织物的消费量也正在接近这个水平。从全球装饰织物供需量仍在增长的趋势预测，装饰织物对纤维原料的需求将会超过服用织物。

经济发达国家除了在使用量和花型色彩上下功夫外，在开发装饰布的功能上也投入大量的人力、物力，装饰布的后整理是一项多学科、多专业的综合技术，已成为衡量一个国家装饰用纺织品发展程度的重要指标。

纺织装饰品是一项消费量很大的商品。从地毯、窗帘、墙布到床上用品、家具织物，以至卫生用品与餐厨用品等，种类繁多，用途广泛，几乎遍布室内所有部位，且是每家必备的日用品，用量十分可观。一些发达国家还很讲究纺织装饰品的配套化、系列化，如床上用品床单、被套、枕套的配套，床罩、窗帘与家具织物的系列配套等。这使得织物的消费量比单件购买更大，对质量、花色要求更高。此外，由于受产品花色流行趋势的影响，织物使用周期缩短，需不断更新设计与生产，这也是促使纺织装饰品消费量剧增的一个因素。

当前国际社会呈和平、发展的态势，良好的经济环境和日益发展的科学技术，也为新增装饰纺织品的开发研制提供了有利的条件。在这样的社会环境下，人们更为注重生活的高品位和舒适性，也更为注重物质享受，以室内装饰的华美、恬适来显示其财富、身份和社会地位。因此，对纺织装饰品求新、求美、求适用的欲望也越来越高，对织物的功能要求越来越多。例如，国外研制成一种变色材料，采用该材料染成的织物会吸光波，使织物与周围环境产生一样的色彩，达到"色泽多变、奇幻新颖"的效果。美国一家纺织品公司生产了一种带电织品，底面带有负电荷，另一面喷涂一层带有正电荷的增白剂，用该织物制成床上用品，有着较强的杀菌防病作用。这些促进生产、刺激消费的因素正在不断增强，必将使纺织装饰品日益繁荣、发展。

**（二）我国纺织装饰品的现状和发展趋势**

我国纺织装饰品的生产历史虽源远流长，但作为现代纺织装饰品的开发，实际起步于20世纪80年代，加之经济水平、文化习俗与欧美地区的差异，致使我国纺织装饰品的消费无论从数量上还是质量上，同世界发达国家相比，均有一定的差距。

在改革开放国策的指导下，纺织装饰业获得了较大的发展。现代化的管理模式，与市场相适应的生产经营规模正在形成。纺织装饰品的生产与消费正呈方兴未艾之势，主要反映在以下几个方面。

**1. 不断扩大的消费规模** 随着我国城乡居民生活水平与文化素质的普遍提高，消费观念亦发生了很大的变化。人们在衣食无忧以后，越来越注重居室住所的装饰美化；追求实用与舒适，崇尚环境的情趣与个性。贴墙布、铺地毯、挂双层高档窗帘、摆设布艺沙发、配备床罩与靠垫等纺织装饰品的居室，之前只有在涉外宾馆方可见到。而今天，这一切已成为许多百姓居所中的基本设施。一些新居用户还特地请专业的设计、施工人员，对室内环境与纺织装饰品进行整体的配套设计。在搬迁新居的过程中，室内装饰消费已远远超过了其他传统项目的消费。近年来，遍地开花的房地产开发又为装饰纺织品的发展提供了广阔的空间。此外，旅游事业的蓬勃发展，也促使纺织装饰品的消费量与日俱增。

**2. 日新月异的品种更新** 开放的市场环境，迅速的信息网络，激烈的产销竞争，使纺织装饰品的设计开发紧随世界流行趋势，花色品种日新月异，产品档次也不断升级提高。

以沙发面料的变迁为例。以前的沙发布、沙发套，主要是中薄型单层提花织物。后来由于粗犷、耐磨、价格低廉的丙纶空气变形纱的问世，出现了许多以此做主要原料的沙发布，并广泛流行了数年。接着以双股染色棉纱作经线，有光涤纶丝与低支棉纱作纬线，并以体现经、纬浮花为主要特征的"锦妆绸"开始走销大江南北。20世纪90年代后，传统风格的多色经纬交织的沙发布再次崛起，与以往不同的是经线更细，经密提高，花纹更细致，质地更紧密。近年来，我国沙发面料进入了一个仿制国际中高档面料为主攻方向的高峰期，期间许多体现现代纺织技术的新品种相继登场，为纺织装饰品市场带来了繁荣与活跃。

随着纺织装饰品花色品种的更新变化，人们对产品的档次要求也不断提高。民众的消费水准在上升，旅游事业蓬勃发展，一批批曾经热销的织物正在被更为优质高档的新品种所替代。

**3. 日益先进的技术装备**　我国现有的纺织装饰品生产企业，除极少数如杭州都锦生丝厂这类传统型专业厂家外，大多数是由原服装面料织造、印染加工企业转制而来的。这些企业的设备一般为国产的通用设备，只适合生产中低档的平素织物及印花、织花产品。为了适应国内市场经济的发展需要，提高生产高档纺织装饰品的能力，近年国家投入大量的资金和技术，对原有织造、印染设备进行了改造，并先后引进了具有国际领先水平的剑杆织机、片梭织机、高速整经机、高速电子提花系统，以及多套宽幅印花设备和整理设备等，使国内纺织装饰业已初步具备了生产高档品质面料的能力。目前有一些企业的生产规模与先进程度已可跻身世界水平，其产品品质正逐渐为国际市场所认可。

### 二、装饰用纺织品的作用

**1. 室内软环境装饰的色彩语言**　俗话说："远看色，近看花"。从装饰的角度看，室内纺织品设计的纹样造型和色彩效果都十分重要，而色彩是人视觉的第一感觉，更为重要。纺织品设计的整体色彩倾向，对室内软环境的装饰起决定性的作用。生活中，光与色对人的心理造成的影响是很大的。不同的色调给人不同的心理感受。在选择室内纺织品的主色调的同时，还应考虑主色调与使用功能、装饰形式和地域环境的关系。如在医院环境内应以粉色调为主，不宜选用对比强烈的色彩，保证相对稳定，利于休息的素雅环境；在娱乐场所则应采用活泼华丽的主色调，以激起人们欢快的情感。色彩的选用，还要特别注意地域的差别。不同国家、不同民族、不同文化背景的人对色彩都有偏爱禁忌。如红色在中国和东方民族象征着喜庆、幸福、吉祥而深受喜爱；绿色在伊斯兰教国家是最受欢迎的颜色，而在有些西方国家里却含有嫉妒的意思；黄色是最明亮、最光辉的色彩，象征着光明和高贵，而在基督教国度里却被认为是叛徒犹大衣服的颜色，是卑劣和可耻的象征。所以说，室内纺织品色彩运用的好坏，是室内软环境装饰成功与否的关键。

**2. 室内软环境装饰的造型语言**　室内纺织品在室内软环境中总是以披挂、覆盖等形式出现，由此决定了它在室内软环境中的装饰造型特点。室内纺织品的设计，除了在图案设计中考虑平面或立体的表现手法之外，还考虑在整体款式设计中的配合。同时还研究纺织品图案和款式的完美形态依附于环境及装饰实体后所产生的形态变异。如窗帘的设计，当它从窗架垂挂下来，在微风中所产生的飘逸感和那种自然、悬垂的皱折，使原来的图案和款式的美感又得到了升华。室内纺织品设计的造型、纹样、色彩及表现手法都围绕主题展开。如现代人追求自然清新的田园风情，从乡间野趣中寻求环境艺术设计的主题，将室内环境设计成乡村农舍或小木屋的形式。在这种氛围中，室内纺织品的装饰功能恰如其分地展示出这个主题思想精髓。在室内软环境中使用象征自然景物的窗帘、屏风；用印有小花小草的纺织品衬托出木结构的餐桌、餐椅和墙面；也可以用纯棉布的装饰面料制作一些精致的带有花边的床围、桌围等物；再在窗台上放置一篮应时的野花……这组简朴清新的布置，足以表现出"田园风情"的室内软环境。

**3. 室内软环境装饰的情调语言** 室内纺织品设计的艺术表现形式及手法能传达人们内心的艺术理想和追求，同时调节心理情绪的变化，让人在优美的环境中感受舒心惬意。其次，根据不同的室内环境及每个人的不同要求，合理地利用纺织品的装饰效能。一方面通过高度的概括和提炼，使艺术灵感与理性的构想进行有机组合，巧妙应用，使室内纺织品以新的艺术形式呈现在具有现代意识的氛围中。另一方面，利用室内纺织品的设计，打破建筑空间中过于雷同的形态，力求创造变化多样而别具一格的室内空间。运用纺织品独特的外观和柔软的特质，有效地拉近人与室内环境的距离，以丰富多彩的室内纺织品生动地营造出室内空间优美的环境，并由此掩饰和弥补其他装饰材料上的缺陷和不足，给坚硬冷漠的室内软环境增添柔和、温馨及融洽的元素。室内纺织品的设计符合人对健康心态的追求，从较深层次主导人们正常的审美心理和接受心理的活动，并将其有机地融合在一起。还充分利用纺织品的特性，集传统艺术和时代精神为一体，充分展示设计语言中的象征意义、表现形式和精神内涵，进一步贴近时代、贴近生活、贴近人心，以人为本，创造真正舒适宜人的室内软环境。

**4. 室内软环境装饰的文化语言** 室内纺织品的装饰，注重艺术性、主题性，这样能创造出高品位、有人情味、艺术感强和有吸引力的室内软环境。因此，成功的室内纺织品设计都有一个与室内形态和物质形态相关联、独具特色、立意新颖的主题。这一主题首先就突出时代精神和一定的文化内涵，然后运用各种手段将已确立的主题完美地表现出来，使众多的因素有机地结合并统一在这主题中。室内纺织品设计主题的内容非常广泛，既可以结合本国的历史文化背景以寻求不同的民族文化风格，从各地的风俗民情、文学艺术、历史典故、时代风范、地理气候等诸多方面追寻艺术灵感的撞击，也可以利用科学技术手段（如电脑辅助设计）找到独特的创意和特定的设计理念。与此同时，还充分考虑室内软环境总体的装饰。因为，成功的室内纺织品设计的主题，最终会与室内软环境装饰的整体气氛相融合。室内纺织品的纹样设计使表现主题思想是直接有效的元素。纹样的题材丰富多彩，色彩富丽典雅，造型生动，具有独特的艺术魅力。现代纺织美术设计的发展，建立在高度发达的科技水平上，既有传统优秀纹样的继承，又融合了现代艺术的新内涵，具有极强的生命力。纺织品设计的主题构思可以通过具有典型形象识别的装饰符号较为直观地展现出来，而这种形式独具的提示性，使观者由此激发更深层次的联想，最终达到室内软环境中"物—人"对话的境界。

**5. 室内软环境装饰的整体与个性语言**　室内纺织品能通过基因配套、色彩调和配套、主导产品的均衡配套、风格情调配套，使同一花型、同一色彩或同一艺术设计语言在室内各种织物的图案或款式中或多或少地反复出现，在视觉上产生连贯性，这种连贯性使人在视觉中产生美的韵味以及和谐的美感。这种强烈的艺术感染力所营造的室内软环境的意境和气氛，在人的心灵上产生刺激性的美感及舒适宜人的视觉感、触觉感，这是其他硬质材质无法达到的装饰效果。由此可见，室内纺织品不仅已上升到了室内整体设计的高度，而且在配套的含义上更具备一定的深度和广度。也就是说，它不仅要求纺织品本身的每一个独立局部与整个系列相配套，而且必需与室内设计的整体环境气氛相配套。室内纺织品通过各种配套法则，构筑了不同生活习惯与审美意识的人们所追求的各种生活环境。室内纺织品的设计风格应该与室内软环境的总体装饰风格始终保持一致，同时又要与展现人的艺术个性保持一致，这是新时期给室内纺织品设计提出的更高要求。进行室内纺织品设计时，调整好纺织品与室内软环境的关系，就能把握室内整体装饰的风格。纺织品的纹样、色彩、质地等与功能的完美结合之外，还对具体的人从年龄、性别、文化素养、兴趣爱好等诸多方面做较全面的研究，更体现环境主人内心的理想与追求。为不同的生活方式提供各具特色产品，展示不同意境。将人间情感、自然科学、社会信息、审美情趣等因素综合在一起，这样既有独特艺术风格又能表现艺术个性的室内软环境。

**6. 室内软环境装饰的艺术审美**　纺织品设计的形式美规律与室内软环境设计的形式美是统一的。它首先建立在各个不同地区，不同时代，不同宗教，政治，文化背景和经济基础之上的。形式美包含和谐与对比两大范畴。和谐之美显示出优美，而对比之美则显示出壮美。两者相对独立又互为统一，各自在纺织品设计中发挥不同的作用。

随着生活水平的提高，人们对室内纺织品的需求已不再停留在使用功能上，而是更加注重精神上的功能。它不仅是生活空间的物质需求，也是一种感情空间的审美创造。在环境意识已觉醒的今天，人们越来越重视装饰、崇尚自然、追求人性化和个性化的居住文化。作为一种表达个性思想和生活情趣的信息载体，室内纺织品已成为独特的文化风景，同时也是品评和衡量室内软环境质量的重要依据之一。

现代纺织品已渗透到室内软环境装饰的各个方面，不同的室内软环境，对室内纺织品的要求也不尽相同。在一些特定的空间环境里，纺织品的覆盖面积很大，因此，纺织品设计的好坏，直接影响室内软环境气氛、格调和意境的营造。室内纺织品以其各种形态在室内软环境装饰中扮演重要的角色，它们是集造型、色彩、花型、质感于一体和谐的整体。每个"局部成员"都必须在室内环境中，充分发挥各自的优势，相互呼应，共同创造一个具有高水平、舒适、实用、美观、高品位、有情趣、有意境的整体，营造出真正让人们生理和心理上感到温馨的室内软环境。

## 思 考 题

1. 什么是装饰用纺织品？
2. 装饰用纺织品的特点是什么？
3. 如何对装饰用纺织品进行分类？并举例说明。
4. 装饰用纺织品的功能有哪些？
5. 装饰用纺织品的性能指标有哪些？

## 参考文献

［1］谢光银.装饰织物设计与生产［M］.北京：化学工业出版社，2005.

［2］李加林等.室内装饰织物［M］.北京：纺织工业出版社，1991.

［3］龚建培.装饰织物与室内环境设计［M］.南京：东南大学出版社，2006.

# 第二章 装饰用纺织品纤维材料

装饰用纺织品的应用历史悠久，它是现代室内装饰的重要材料之一。合理地选择装饰用纺织品，不仅可以美化室内环境，同时也给人的生活带来温暖舒适感。因原料的种类材质的不同，纤维的内部构造及化学、物理力学性能也不相同。要正确适当地选择纤维制品作为室内装饰设计风格的烘托材料，就必须了解纤维原料的性能特点及简单的加工方法等。

## 第一节 装饰用纺织品用常规纤维

装饰用纺织品所使用的常规纤维原料包括天然纤维和化学纤维两大类。这两类纤维各有其优点和特性。能适应多种装饰用纺织品质地、性能的不同要求。由于现代化学工业的发展，不少新原料、新纤维相继问世，给装饰用纺织品的发展提供了日益广阔的原料来源。

### 一、天然纤维

天然纤维是传统的纺织原料，分棉、毛、丝、麻等。这类纤维有使用舒适、外观自然优美的特性，在现代纺织装饰面料中占有十分重要的地位，许多高档装饰用织物以及床上用纺织品大都选用天然纤维作原料，由于它们具有化学纤维所无法比拟的特性，加之天然资源开发的有限性，天然纤维的合理使用正在得到进一步的重视。

**1. 棉纤维** 棉纤维具有很好的吸湿性和透气性，耐强碱，耐有机溶剂，耐漂白剂以及隔热耐热，不仅可以方便地进行各种染色和纺织加工，而且可以经过丝光处理或其他改性处理，增加纤维的光泽、可染性及抗皱性等。

棉织物耐久性较好，且不易卷缩，是室内装饰布的理想材料，以棉花为原料制成的床上用装饰纺织品（如床单、被套、枕套及毛巾类织物等），具有手感柔软、保暖性能好等优点，其良好的吸湿透气性和舒适性深受大多数人的喜爱。棉纤维还具有较好的拉伸和压缩恢复弹性，耐疲劳性能也较好，是制作靠垫、沙发布（如传统的多色提花沙发布）的良好原料，棉织品的窗帘有良好的耐日晒性能。棉纤维对染料具有天然的亲和性，故装饰印花布可以印染出变化丰富、色彩鲜艳的图案。另外，棉纤维多方面的适应性是其他纤维无可比拟的，如坚固的躺椅帆布、细密光滑的缎纹餐巾等。棉纤维的应用如图 2-1-1 所示。

(a) 床垫

(b) 毛巾

(c) 靠枕

(d) 餐桌用品

图 2-1-1　棉纤维的应用

**2. 麻纤维**　麻纤维的长度整齐度、线密度均匀度都较差，吸湿能力比棉强，且吸湿与散湿的速度快。麻纤维是主要天然纤维中拉伸强度最大的纤维，且湿强大于干强，但麻纤维受拉伸后的伸长能力却是主要天然纤维中最小的。麻纤维刚性强，不仅手感粗硬，也会导致纤维不易捻合，影响可纺性，成纱毛羽多，尤以黄麻、槿麻为甚；柔软度高的麻纤维可纺性能好，断头率低，如苎麻和亚麻。麻纤维弹性差，用纯麻织物制成的衣服极易起皱。

目前，我国装饰织物生产中，所用的麻纺织原料主要有亚麻、苎麻和黄麻。亚麻纤维是将麻茎进行一定加工制成的纺织原料。长期以来亚麻多用于生产粗犷、坚牢的帆布及茶巾、台布类织物。近年来，随着现代审美情趣的变化，以亚麻制作各种装饰面料的趋势发展迅速，比较突出的有墙布面料。此外，在现代装饰纤维艺术品中，亚麻也被广泛地选用。

苎麻是麻纤维中品质最好的纺织纤维，可以纯纺，也可以混纺，有一定的加工深度。苎麻纱具有凉爽、挺括、透气、吸湿等优点，可制成漂白织物、印花织物、染色织物以及高级餐巾、台布、床单、被套等，还可用于制作风格新颖的定型片式窗帘。苎麻也是刺绣工艺品的理想原料。黄麻纤维较粗，可纺性能不如亚麻与苎麻，目前只限于织制低档的黄麻地毯和地毯底布等。麻纤维的应用如图2-1-2所示。

(a) 窗帘

(b) 地垫

(c) 墙布

(d) 餐垫

图 2-1-2　麻纤维的应用

**3. 蚕丝**　柞蚕丝纤维的三角形截面更为扁平，截面有较小的夹角，因而，柞蚕丝纤维闪光效应优于桑蚕丝纤维，而两者都具有接近三角形截面的特点则是这类纤维能提供优美光泽的主要原因。蚕丝的纵面比较光滑平直，没有除去丝胶的茧丝表面带有异状丝胶瘤节，这是由于蚕吐丝时因外界影响，吐丝不规则造成的。这些瘤节的存在，不仅影响生丝的净度，同时在缫丝过程中容易切断，降低了生丝的匀度。

无论家蚕丝还是柞蚕丝都具有良好的吸湿本领，如果含丝胶的数量多，纤维的含水量还会增加，因为丝胶比丝素更容易吸湿。生丝依靠丝胶把各根茧丝粘着在一起，产生一定的抱合力，使丝条在加工过程中能承受各种摩擦。抱合不良的丝纤维受到机械摩擦和静电作用时，易引起纤维分裂、起毛、断头等，给生产带来困难。丝的颜色反映了丝纤维本身的内在质量，如丝色洁白，则丝身柔软，表面清洁，含胶量少，强度与耐磨性稍低，春茧丝多属于这种类型；如丝色稍黄，则光泽柔和，含胶量多，丝的强度和耐磨性较好，秋茧丝多属于这种类型。蚕丝的耐光性较差，在日光照射下，蚕丝容易泛黄。

丝是我国利用较多的纺织原料之一。除一般长丝外，装饰面料使用较多的是绢丝。蚕丝有着较好的强伸度，纤维细腻，其织物光泽好、手感滑爽、吸湿透气。但蚕丝的耐日光性较差，长时间的阳光照射会逐渐变黄，丝质脆化，强度降低。目前市场上比较常见的蚕丝制品有蚕丝被、真丝睡衣、真丝被套、枕套、真丝丝巾、领带等。蚕丝被与棉被、化纤被（七孔棉、九孔棉）甚至羽绒被相比，其优势十分明显。

蚕丝是天然纤维，被业界称为"纤维皇后"。其主要成分为纯天然动物蛋白纤维，其构造和人的皮肤最相近，内含多种人体必需的氨基酸，有防风、除湿、安神、滋养及平衡人体肌肤的功效。桑蚕丝滑爽、透气、轻柔、吸湿及抗静电等特点使其成为制作贴身衣物的原材料，而以桑蚕丝作为内置的蚕丝被更具有贴身保暖、蓬松轻柔、透气保健等特点。蚕丝中含有的"丝胶"成分不仅可使人的皮肤细腻光泽，而且有防螨虫和霉菌的能力，对过敏体质更有益。真丝睡衣直接与皮肤接触，所以蚕丝滑爽、透气、轻柔、吸湿及抗静电的特点体现得更加明显。蚕丝纤维的应用如图 2-1-3 所示。

(a) 蚕丝被　　　　　　　　　　　　(b) 真丝睡衣

图 2-1-3　蚕丝纤维的应用

**4. 羊毛**　鳞片层的存在，使羊毛纤维具有特殊的缩绒性。羊毛纤维的皮质层在鳞片层的里面，是羊毛的主要组成部分，也是决定羊毛物理、化学性质的基本物质。髓质层的存在使羊毛纤维强度、弹性、卷曲、染色性等变差，纺纱工艺性能也随之降低。

一般来说，羊毛越细，纵向就越均匀，且强度高，卷曲多，鳞片密，光泽柔和，脂汗含量高，但长度偏短。羊毛长度对毛纱品质也有很大的影响。细度相同的毛，纤维长的可以纺高支纱；当纱的细度一定时，纤维长的纺出的纱强度高、条干好、纺纱断头率低。因此，细度是决定羊毛品质好坏的重要指标。

卷曲是羊毛的重要品质特征，羊毛卷曲排列越整齐，毛被越能形成紧密的毛丛结构，就越能预防外来杂质和气候的影响，羊毛的品质越好。

羊毛纤维较耐酸而不耐碱，较稀的酸和浓酸短时间作用对羊毛的损伤不大，所以常用酸去除原毛或呢坯中的草屑等植物性杂质。有机酸如醋酸、蚁酸是羊毛染色中的重要促染剂。碱会使羊毛变黄及溶解。通常使用次氯酸钠、氯气、氯胺、氢氧化钾、高锰酸钾等化学试剂使羊毛鳞片变形，以降低摩擦效应，减少纤维单向运动和纠缠能力，这样可以降低羊毛的缩绒性，甚至达到丝光的效果。

很早很早以前，中亚地区就出现了毛纱制成的手工编织品，可以说，从那时起人们就开始利用羊毛制作装饰用纺织品了。

羊毛纤维柔软而富有弹性，羊毛织物手感丰润、色泽柔和、具有好的保暖性，是制作传统防寒织物的高档原料。在装饰织物中，常用于制织毛毯（绒毯）、床罩、家具铺设织物、帷幕等。羊毛纱也是制作地毯、壁挂的主要原料。目前常用品种有各种绵羊毛（如澳毛）、马海毛（又称安哥拉山羊毛）等。除毛纱外，各类绒线也是装饰编织品的主要材料。由于羊毛价格较高，常采用羊毛与其他原料混纺，这样既降低成本，又可以提高原料的综合性能。羊毛纤维的应用如图 2-1-4 所示。

(a) 毛毯

(b) 壁挂

图 2-1-4　羊毛纤维的应用

## 二、化学纤维

化学纤维在工业十分发达的今天，在装饰纺织面料中已占有极大的比重。现在不仅广泛用于中低档织物，在许多高档和交织品种中也运用较多。化学纤维的优点是资源广泛，易于制造，具备多种性能，物美价廉。

多年来的生产研究、技术改进，使化学纤维的外观和理化性能有了很大的改进。化学纤维在性能上力图模仿天然纤维的效果和功能，不仅在光泽手感方面具有天然纤维的特点，而且在吸湿、透气、印染等方面都拥有良好的性能。同时，化学纤维在外观造型方面有很大的可塑性，利用这一特点，加之生产化学纤维的原料丰富，且成本低廉，可以加工纺制许多新颖奇特的花式线、装饰线。

目前，装饰纺织品常用的化学纤维有再生纤维与合成纤维。

### （一）再生纤维

再生纤维是采用天然纤维素纤维或蛋白质纤维为原料，经化学处理和机械加工而成的纤维。主要有黏胶纤维、醋酯纤维、铜氨纤维、Tencel 纤维等。

**1. 黏胶纤维**　黏胶纤维是一种应用较广泛的纤维素纤维，是再生纤维中的主要品种，有长丝（人造丝）和短纤维（人造棉）两种。天然纤维素经碱化处理等多道工序处理后又有有光、半光、无光之分。

黏胶纤维是最早投入工业化生产的纤维素纤维之一。由于吸湿性好，穿着舒适，可纺性优良，常与棉、毛或各种合成纤维混纺、交织，用于各类服装及装饰用纺织品。高强力黏胶纤维还可用于轮胎帘子线、运输带等工业用品。

普通黏胶纤维吸湿性好，易于染色，不易起静电，有较好的可纺性能。短纤维可以纯纺，也可以与其他纺织纤维混纺，织物柔软、光滑、透气性好，穿着舒适，染色后色泽鲜艳、色牢度好。适宜于制作内衣、外衣和各种装饰用品。长丝织物质地轻薄，除适用作衣料外还可织制被面和装饰织物。但缺点是牢度较差，湿模量较低，缩水率较高而且容易变形，弹性和耐磨性较差。

**2. 醋酯纤维**　醋酯纤维也称醋酯人造丝，醋酯纤维由于加工工序的不同，又可分为二型醋酯纤维和三型醋酯纤维。前者具有桑蚕丝的优良性质，手感柔软滑爽、光泽丰满、悬垂性、耐光性皆好，适宜制作窗帘、台毯、床罩等装饰织物；后者由于染色性能较差，一般制成短纤维，用于同棉、毛及其他合成纤维混纺，或用作人造毛原料。

醋酯纤维表面平滑，手感柔软爽滑，有弹性，有丝一般的光泽，适合于制作衬衣、领带、睡衣、高级女士服装、裙子。

**3. 铜氨纤维**　铜氨纤维是一种再生纤维素纤维，是用棉短绒等天然纤维素作原料，溶解在铜氨溶液中成为纺丝液，经喷射等若干道工序制成的纤维。纺丝在高度抽伸的情况下进行，能制得极细的单丝。所以面料手感柔软，光泽柔和，有真丝感。铜氨纤维的干强与黏胶纤维接近，但湿强高于黏胶纤维，耐磨性也优于黏胶纤维。由于纤维细软，光泽适宜，常用作高档丝织或针织物。其服用性能较优良，吸湿性好，极具悬垂感，服用性能近似于丝绸，符合环保服饰潮流。由于其良好的亲肤性，铜氨纤维适宜制作床上用纺织品。

**4. Tencel 纤维**　Tencel（天丝）纤维是一种纤维素纤维，是以木浆为原料经溶剂纺丝方法生产的一种崭新的纤维。采用溶剂纺丝技术，干强略低于涤纶，但高于一般的黏胶纤维，具有非常高的刚性、吸湿性，良好的水洗尺寸稳定性（缩水率仅为 2%）。光泽优美，手感柔软，悬垂性好，飘逸性好，有棉的"舒适性"、涤纶的"强度"、毛织物的"豪华美感"和真丝的"独特触感"及"柔软垂坠"。

Tencel 纤维由于具有棉的吸湿性能、丝的手感和光泽、化纤的强力、毛的挺爽等优良性能，可用来开发高附加值的机织和针织产品，可生产高档床上用纺织品等。

（二）合成纤维

**1. 涤纶**　涤纶是聚酯纤维的商品名称，也是装饰织物中运用比较广泛的合成纤维，具有强度高、耐日光、耐摩擦、不霉不蛀、不易折皱的优点。

涤纶长丝常用于作各种丝织物经线和窗纱织物。变形涤纶丝是长丝通过加捻、退捻、定形等工序加工而成，它具有光泽柔和、回弹性强的特点，广泛应用于针织和机织织物中。如经编提花窗帘、针织沙发呢绒及各种印花面料等，都体现出变形涤纶丝织物柔软、丰满的外观效应和可模压特点。

涤纶短纤维在装饰纺织品中也有较大的适用性，除纯纺外，大量地同棉、毛、丝、麻、再生纤维等原料混纺，改进了原材料的外观和性能，适用于包括地毯织物在内的所有装饰织物领域。低级品的涤纶短纤维是制作无纺墙布的理想原料。

**2. 锦纶**　锦纶是聚酰胺纤维的商品名称，通常纺织品所用的聚酰胺纤维有锦纶 6、锦纶 66（又称尼龙）。锦纶具有抗张力强、耐屈曲，耐磨、强度高，弹性好、染色容易、耐寒、耐蛀、耐腐蚀等优点。

锦纶短纤维除纯纺外，常与天然纤维棉、毛混纺。前者经特殊加工，能够织成在性能和外观上可与羊毛媲美且价格便宜的装饰织物，目前，在欧洲汽车用织物中这类织物受到普遍的欢迎。锦纶和天然纤维混纺织物则能够充分利用天然纤维良好的舒适性能和锦纶的高强度特性，广泛应用于铺垫型织物之中。

**3. 腈纶**　腈纶是聚丙烯腈纤维的商品名称，国外又称奥纶、开司米纶等。有长纤维和短纤维两种，长纤维像蚕丝，短纤维像羊毛，称人造毛。

腈纶表面蓬松、保暖性强、手感柔软，弹性强，不变形，具有良好的耐气候性和不受微生物侵蚀的性能。由于它有特殊的耐日光性，很适宜制作窗帘和户外装饰织物，也可利用它的热性能，制成膨体纱，纺制绒线、毛毯等，另外还可制造人造毛皮。

腈纶原料成本低廉，主要用于簇绒地毯、簇绒床罩、装饰编织工艺品等。在国外市场，腈纶已被广泛用于织制装饰织物，并成为当前市场使用增长率最高的纤维。以往人们认为腈纶最适用生产机织平绒，而后，由于腈纶织物在手感、外观丰满度、回弹性能、染色牢度等方面的优点，经多种多样的应用后，证明了它的广泛适用性。

**4. 丙纶**　丙纶是聚丙烯纤维的商品名称，用石油精炼的副产物丙烯为原料制得。原料来源丰富，生产工艺简单，价格比其他合成纤维低廉。具有耐磨损、耐腐蚀、强力高、蓬松性与保暖性好等特点。品种有长丝（包括未变形长丝和膨体变形长丝）、短纤维、异形纤维、中空纤维、复合纤维及非织造织物等。

目前，丙纶长丝较多应用于软缎被面，具有质轻价廉、节省原料的优点。但也存在纹样光泽不够明亮、质地欠佳等缺点。丙纶变形长丝多用于地毯织物。

近年来，用丙纶膨体变形纱（又称吹塑纱）为原料，织制了许多装饰织物，这些织物毛型感较强，易织耐用，但悬垂性差，有一定的适用限制。一般以交织的方法使织物性能得到改善。

丙纶中空纤维，是用来制作绗缝被絮的良好材料，它具有质地轻、弹性强、保暖性好等优点。另外，丙纶短纤维混纺原料在针织、机织装饰物中也有使用。

# 第二节　装饰用纺织品用高性能纤维

高性能纤维（high performance fiber，HPF）主要是指高强、高模、耐高温和耐化学作用的纤维，是高承载能力和高耐久性的功能纤维，基本分类见表2-2-1。

表2-2-1　高性能纤维的基本分类、构成与特性

| 分类 | 高强高模纤维 | 耐高温纤维 | 耐化学作用纤维 | 无机类纤维 |
|---|---|---|---|---|
| 名称 | 对位芳纶（PPTA）纤维<br>芳香族聚酯（PHBA）纤维<br>聚苯并噁唑（PBO）纤维<br>高性能聚乙烯（HPPE）纤维 | 聚苯并咪唑（PBI）纤维<br>聚苯并噁唑（PBO）纤维<br>氧化PAN纤维<br>间位芳纶（MPIA） | 聚四氟纤维（PTFE）<br>聚醚酮醚（PEEK）纤维<br>聚醚酰亚胺（PEI）纤维 | 碳纤维（CF）<br>高性能玻璃纤维（HPGF）<br>陶瓷纤维（碳化硅，氧化铝等纤维）<br>高性能金属纤维 |
| 主要特征 | 高强（3~6GPa），高模（50~600GPa），耐较高的温度（120~300℃），柔性高聚物 | 高极限氧指数，耐高温，柔性高聚物 | 耐各种化学腐蚀，性能稳定，高极限氧指数，耐较高的温度（200~300℃），高聚物 | 高强，高模，低伸长性，脆性，耐高温（>600℃），无机物 |

由表2-2-1可知，高性能纤维的最主要特点是高强、高模、耐热。虽然PBI的纤维强度和模量不高，但其耐热性高，仍属高性能纤维之列，亦为功能纤维。耐化学作用的纤维都具有较好的耐高温性能，故也属高性能纤维。金属纤维虽耐高温，也将其放在高性能纤维之列，但其密度值太大，难以成为微米级的纤维，往往只作为高性能纤维的对比物。

高性能纤维是高技术纤维的主体，其发展趋势是"三超一耐"，即超高强、超高模量、超耐高温、耐化学作用。由于新的有机合成材料的出现及聚合、纺丝工艺的改进，将诞生比现有纤维强度高几倍甚至几十倍的纤维，其超高模量、超耐高温性能也将大大提高。下面将介绍几种在装饰纺织品上常用的高性能纤维。

## 一、碳纤维

碳纤维是含碳量高于90%的纤维的通称，包括碳纤维和石墨纤维两大类，前者含碳量为90%~98%，后者则高达98%以上。碳纤维品种甚多，制法各异。以聚丙烯腈纤维为原料，先在200~300℃的空气中预氧化，然后在惰性气体（如高纯氮）保护下，经800~1500℃高温碳化而制得的碳纤维称为聚丙烯腈基碳纤维；以黏胶纤维为原料，先经脱水催化剂、防火剂浸渍处理，再在惰性气体保护下，经500~800℃脱水碳化处理而制得的碳纤

维称为黏胶基碳纤维；以沥青为原料，经熔融纺丝或液晶纺丝制得沥青原丝，再经水溶化、碳化处理而制得的碳纤维称为沥青基碳纤维；碳纤维再经 2500~3000℃ 石墨处理后，即得石墨纤维。上述各法制得的碳纤维按其力学性能的不同，又可分为低性能型、中强中模型、高强型和高模型等四种型号。

碳纤维既具有元素碳的各种优良性能，如相对体积质量小，耐热、耐热冲击，耐化学腐蚀和导电等，又有纤维的可挠性和优异的力学性能，特别是它的比强度和比模量高，在绝氧条件下耐 2000℃ 的高温，是一种重要的工业用纤维材料。适于作增强复合材料和绝热材料。用碳纤维增强的树脂复合材料是宇宙飞船、火箭、导弹和高速飞机等不可缺少的结构材料。此外，在原子能、机电、化工、冶金和运输等工业部门及体育用品方面也有广泛用途。

## 二、芳纶

芳纶是芳香族聚酰胺纤维的商品名。根据美国联邦贸易委员会的定义，凡有 85% 以上的酰胺键直接与芳环相连接的聚酰胺纤维皆称芳纶。通常可分为两大类：一类由芳香族二元胺和二元酰氯经界面缩聚或低温溶液缩聚制得聚合体，再经干法、湿法或干—湿法纺丝而制得；另一类由芳香族氨基羧酸或氨基酰氯经溶液缩聚，干法或湿法纺丝而制得。由于此类纤维的大分子主链中引入了芳香基，分子链的刚性较大，故其玻璃化温度、耐热性以及力学性能较锦纶有显著提高，且纤维性能与芳香基的含量及结构有关。

一般间位结构的芳纶（如芳纶 1313）力学性能与锦纶相近，但模量较高，耐热性、热稳定性、阻燃性及耐辐射性优良，尤其是其阻燃性，间位芳纶的极限氧指数（*LOI*）大于 28，因此，当它离开火焰时不会继续燃烧，是一种永久阻燃纤维。在民用领域，芳纶可以做成飞机、汽车、高铁的阻燃内饰及织物，可以制成防火毯、逃生绳、阻燃窗帘、床罩、睡衣、桌布、围裙、微波炉手套等。

## 三、氟纶

氟纶是聚四氟乙烯纤维的商品名。制法较特殊，常以气相四氟乙烯为单体，水为分散剂，在引发剂、乳化剂及稳定剂存在下，通过乳液聚合制得浓度为 60% 左右的聚四氟乙烯乳液，然后将其与成纤性载体（如黏胶、聚乙烯醇或聚丙烯腈溶液）按一定比例混合，用载体纺丝法制成纤维，经洗涤、干燥、烧结（除去载体）和拉伸后，即得棕黑色或银灰色聚四氟乙烯纤维，若再经漂白处理，则可制得白色纤维。此外，也可用悬浮聚合法制得粉末状聚合体，再通过糊状挤压法、薄膜切割法或原纤化法制成纤维。

氟纶相回潮率为零，耐低温、高温性能优良，可在 -160~280℃ 的温度范围内长期使用。氟纶的静摩擦系数为 0.2，动摩擦系数为 0.16，极限氧指数（*LOI* 值）为 90~95，可耐煮沸的浓硝酸、浓硫酸、王水和浓碱，是现有合成纤维中耐腐蚀性最好、摩擦系数最低和最难燃的一种有机纤维，此外，它还具有优良的耐气候性、耐辐射性和电绝缘性能。主要用作盘根、填料、过滤材料、自润滑性无油轴承、宇航服及其他防护服。经漂白处理的白色氟纶编织物或针织物还可作人造血管、心脏瓣膜和人造膀胱等医用材料。在装饰用纺织品开发方面，氟纶可以用于特殊工作环境的装饰制品的开发。

### 四、PBO 纤维

PBO 简称聚苯并噁唑，是美国空军基地 Wright 研发中心在 20 世纪 60 年代研究的、美国空军斯坦福研究所生产的耐高温的芳香族杂环高聚物。

PBO 纤维有非常高的耐燃性，热稳定性比芳纶更高，600~700℃ 开始热降解；有非常好的抗蠕变、耐化学和耐磨性能；有很好的耐压缩破坏性能，不会出现无机纤维的脆性破坏。但 PBO 纤维的耐光或耐光热复合作用性能较差。

PBO 纤维可以制成短纤、长丝和超短纤维浆粕，主要用于既要求耐火和耐热又要求高强高模的柔性材料领域，如防护手套、服装、热气体过滤介质、高温传送带、热毡垫、摩擦减震材料、增强复合材料、飞机或飞行器的防护壳体及热屏障层等。

### 五、PEEK 纤维

PEEK 统称为聚醚酮醚，是半结晶的芳香族热塑性聚合物，属聚醚酮类（PEK）中的重要成员。它是芳香族高性能纤维中难得的可以高温熔体纺丝的纤维材料，具有高弹性，耐湿热性极其优良。

基于 PEEK 的耐化学性和耐热性及其与常规涤纶相近的力学性能，它可以应用于各种存在腐蚀和热作用场合的传送带和连接器件、压滤和过滤材料、防护带及服装、洗刷用工业鬃丝、电缆和开关的防护绝缘层、热塑性复合材料的强体、土工膜和土工材料以及乐器的弦线和网球拍等。

## 第三节　装饰用功能纤维

中国是家纺产品的制造大国和出口大国。一方面，受国际金融危机影响，出口乏力，家纺行业面临着由出口拉动型向内需消费型的转型升级；其次，面临市场的无序竞争，家纺企业必须通过产品结构调整、增加产品的功能来提高消费附加值。同时对家用纺织品纤维材料提出了新的更高要求。

纺织面料的创新 70% 来自于纤维材料创新和发展。科学技术的进步与纳米技术的突破，为家用纺织品纤维新材料的创新发展提供了机会和可能，使安全、健康、舒适、时尚的功能诉求得以实现。

功能纤维及纺织品的发展是现代纤维科学发展的标志。功能纤维、差别化纤维和高性能纤维的发展为传统纺织工业的技术创新、人类生活水平的提高做出了贡献。功能纤维及功能纺织品是指除一般纤维及纺织品所具有的力学性能以外，还具有某种特殊功能的新型纤维及纺织品，如卫生保健纺织品（抗菌、杀螨、理疗及除异味等）、防护功能纺织品（防辐射、抗静电、抗紫外线等）、舒适功能纺织品（吸热、放热、吸湿、放湿等）、医疗和环保功能纺织品（生物相容性和生物降解性）等。下面将介绍几种在家居用纺织品上常用的功能纤维。

### 一、阻燃纤维

由于大部分纺织品不阻燃而在不同领域应用中引起的潜在火灾威胁也进一步增大。据统计，大部分的火灾事故的最初着火物主要是纺织品。所以，除了应完善消防设施和火灾报警设施外，对纺织品的难燃化要求也越来越高。

#### （一）阻燃纤维的定义

纺织材料阻止燃烧的性能称为阻燃性。描述纤维燃烧的指标有极限氧指数 LOI、着火点温度、燃烧时间、火焰温度等指标。目前，国际上广泛采用极限氧指数 LOI（Limit Oxygen Index）来表征纺织品的可燃性。所谓极限氧指数，是指试样在氧气和氮气的混合气体中，维持完全燃烧状态所需的最低氧气体积分数。LOI 值越大，说明燃烧时所需氧气的浓度越高，常态下越难燃烧。根据 LOI 值的大小，各种纤维按其燃烧性能大致可分为易燃、可燃、难燃和不燃四类（表 2-3-1）。

**表 2-3-1　根据 LOI 值对纤维的分类**

| 分类 | LOI（%） | 燃烧状态 | 纤维品种 |
|------|---------|---------|---------|
| 不燃 | ≥35 | 常态环境及火源作用后短时间不燃烧 | 多数金属纤维、碳纤维、石棉、硼纤维、玻璃纤维及 PBO 等 |
| 难燃 | 26~34 | 接触火焰燃烧，离火自熄 | 芳纶、氯纶、酚醛、改性腈纶、改性涤纶、改性丙纶等 |
| 可燃 | 20~26 | 可点燃及续燃，但燃烧速度慢 | 涤纶、锦纶、维纶、羊毛、蚕丝、聚酯纤维等 |
| 易燃 | ≤20 | 易点燃，燃烧速度快 | 丙纶、腈纶、棉、麻、黏胶纤维等 |

#### （二）纤维和纺织品的阻燃机理

所谓阻燃是指降低材料在火焰中的可燃性，减缓火焰蔓延速度，当火焰移去后材料能很快自熄，减少燃烧。从燃烧过程看，要达到阻燃目的，必须切断由可燃物、热和氧气三要素构成的燃烧循环。阻燃作用有物理的、化学的及两者结合作用等多种形式。根据现有的研究结果归纳如下。

**1.覆盖层作用**　阻燃剂受热后，在纤维材料表面熔融形成玻璃状覆盖层，成为凝聚相和火焰之间的一个屏障，这样既可隔绝氧气，又可阻止可燃性气体的扩散，还可阻挡热传导和热辐射，减少反馈给纤维材料的热量，从而抑制热裂解和燃烧反应。例如：砂—硼酸混合阻燃剂对纤维的阻燃机理可用此理论解释。在高温下硼酸可脱水、软化、熔融，形成不透气的玻璃层黏附于纤维表面。

**2.气体稀释作用**　阻燃剂吸热分解后释放出不燃性气体，如氮气、二氧化碳、氨、二氧化硫等，这些气体稀释了可燃性气体，使燃烧过程供氧不足。另外，不燃性气体还有散热降温作用。

**3. 吸热作用**　某些热容量高的阻燃剂在高温下发生相变或脱水、脱卤化氢等吸热分解反应，降低了纤维材料表面和火焰区的温度，减慢热裂解反应的速度，抑制可燃性气体的生成。如三水合氧化铝分解时可释放出水，需要消耗大量的脱水热；水转变为气相，也需要吸收大量的热。

**4. 熔滴作用**　在阻燃剂的作用下，纤维材料发生解聚，熔融温度降低，增加了熔点和着火点之间的温差，使纤维材料在裂解之前软化、收缩、熔融，成为熔融液滴滴落，大部分热量被带走，从而中断了热反馈到纤维材料上的过程，最终中断了燃烧，使火焰自熄。涤纶的阻燃大多使用此方式实现。

**5. 提高热裂解温度**　在纤维大分子中引入芳环或芳杂环，增加大分子链间的密集度和内聚力，提高纤维的耐热性；或通过大分子链交联环化、与金属离子螯合等方法，改变纤维分子结构，提高碳化程度，抑制热裂解，减少可燃性气体的产生。

**6. 凝聚相阻燃**　通过阻燃剂的作用，在凝聚相改变纤维大分子链的热裂解历程，促进发生脱水、缩合、环化、交联等反应，增加碳化残渣，减少可燃性气体的产生。凝聚相阻燃作用的效果，与阻燃剂同纤维在化学结构上的匹配与否有密切关系。

一般认为磷酸盐及有机磷化合物的阻燃作用，是由于它可与纤维素大分子中的羟基（特别是第六位碳原子上的羟基）形成酯，阻止左旋葡萄糖的形成，并且进一步使纤维素分子脱水，生成不饱和双键，促进纤维素分子间形成交联，增加固体炭的形成。其他一些具有酸性或碱性的阻燃剂也有类似作用。

**7. 气相阻燃**　阻燃剂的热裂解产物在火焰区大量地捕捉高能量的羟基自由基和氢自由基，从而抑制或中断燃烧的连锁反应，在气相发挥阻燃作用。气相阻燃作用对纤维的化学结构不敏感。纤维在热分解过程中产生可燃性气体，通过释放出大量的热，使火焰蔓延。含卤素阻燃剂（MX）在高温下释放出卤原子和卤化氢，消除自由基，抑制放热反应，产生阻燃作用。

在实际应用中，由于纤维的分子结构和阻燃剂种类的不同，阻燃作用十分复杂，并不限于上述几个方面。在某个阻燃体系中，可能是某种机理为主，也可能是多种作用的共同效果。

**8. 阻燃协同效应**　不同的阻燃元素或阻燃剂之间，往往会产生阻燃协同效应。阻燃协同效应有两种不同的概念：一种是多种阻燃元素或阻燃剂共同作用的效果比单独用一种阻燃元素或阻燃剂效果强得多；另一种是在阻燃体系中添加非阻燃剂可以增强阻燃能力。如 P—N 协同效应、卤—锑协同效应等。例如，尿素及酰胺化合物本身并不显示阻燃能力，但当它们和含磷阻燃剂一起用时，却可明显地增强阻燃效果。

**（三）阻燃纤维的应用**

阻燃织物在家纺领域中应用广泛。从世界应用分布看，家纺是阻燃织物最大的应用领域。家纺产品主要是窗帘、桌布、拉绒毯子、被子、床罩、床单、枕头、坐垫靠垫、枕套、机织地毯、填充物和装饰布等。使用的阻燃纤维以改性阻燃纤维居多，主要有偏氯纶、腈氯纶、阻燃腈纶、维氯纶、阻燃涤纶、阻燃黏胶等。

目前，工业化的阻燃腈纶大多采用共聚法制得，日本钟渊化学工业公司开发并商品化的共聚阻燃腈纶商品名为 Kanecaran，一般用于绒毛玩具、窗帘、地毯及床单等。而日本钟纺公司开发的 Lufnen 是一种最大限度保持常规腈纶特征的阻燃腈纶，具有优异的阻燃性和耐洗性，其中 VH 型的限氧指数高达 32，适合阻燃要求较高的窗帘和睡衣。

维氯纶于 1968 年在日本试制成功，定名为 SE 纤维，商品名称叫 Cordelan。由于维氯纶的发烟量少，一般用于室内铺饰用的防火材料，当接触火焰时仅发生收缩，聚合物徐徐分解，不像锦纶和涤纶熔融后粘在皮肤上产生烫伤。因此，可用于睡衣、内衣及各种床上用品，还可用于女式兽毛外套、玩具等绒毛类织物。

腈氯纶的物理性质、耐候性及染色性类似普通腈纶，而阻燃性、耐化学药品等性能又类似于氯纶。根据人造毛皮加工工艺和毛皮风格的要求，腈氯纶最适合制造人造毛皮，与天然兽皮相比，价廉、兽毛感强、仿天然皮毛形象逼真、质轻、保暖性好。国际市场上，腈氯纶阻燃长毛绒玩具颇受青睐。

黏胶纤维阻燃改性方法中共混法比较常用，Lenzing 阻燃黏胶纤维就是采用阻燃剂共混法制得的，其极限氧指数为 27~29，阻燃性持久，热收缩性小，燃烧时毒性低，可纯纺用于内衣、睡衣和床上用品。也可与各种阻燃纤维（如腈氯纶、氯纶、阻燃涤纶等）混纺，这种混纺织物可应用于室内装潢和铺饰材料。

近年来，阻燃涤纶得到了快速发展，以日本东洋纺的阻燃涤纶 Heim 为例，其织物燃烧时无毒气产生，自熄性优良，不会灼伤人体。其阻燃性持久，可广泛应用于各类家用纺织品中，Heim 窗帘制品的极限氧指数为 28，编织物的可高达 33，目前应用较多的是床毯、幕布、座椅套、棉被、儿童和老人睡衣、绳索、缝纫线、帐篷、屏风、工程用布等。阻燃纤维所开发的阻燃地毯如图 2-3-1 所示，阻燃窗帘如图 2-3-2 所示。

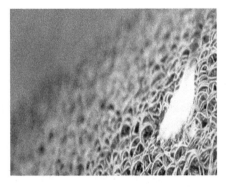

图 2-3-1　阻燃地毯

图 2-3-2　阻燃窗帘

## 二、抗菌防臭纤维

### (一) 抗菌防臭纤维的性能

抗菌防臭纤维是指对微生物具有灭杀或抑制其生长作用的纤维。它不仅能抑制致病的细菌和霉菌，而且还能防止因细菌分解人体的分泌物而产生的臭气。在人们的生活环境中，细菌无处不在，人体皮肤及衣物都是细菌滋生繁衍的场所，这些细菌以汗水等人体排泄物为营养源，不断进行繁殖，同时排放出臭味很浓的氨气。因此，在生活领域使用抗菌防臭纤维就显得很有必要。

抗菌卫生整理是对天然纤维、化学纤维及其混纺织物用抗菌整理剂整理，以获得抗菌、防霉、防臭、保持清洁卫生纺织品的加工工艺。其目的不仅是为了防止织物被微生物沾污而损伤，更重要的是为了防止传染疾病，保证人体的安全健康和穿着舒适，降低公共环境的交叉感染率，使织物获得卫生保健的新功能。

### （二）传统的抗菌防臭纤维

传统的抗菌防臭纤维一般都是用金属离子进行处理。通常是将普通的合成纤维（如涤纶、腈纶、锦纶、丙纶等）进行改性而成，即在纤维成型或纤维加工过程中进行抗微生物处理。一种是对纤维表面进行抗菌剂的处理（一般浸渍于硝酸汞浸液中）；另一种是抗菌剂与聚合物共混纺丝（一般加入有机镉盐）。

### （三）新型抗菌防臭纤维

新型抗菌防臭纤维，是指纤维本身就具有抗菌除臭的作用，或者基于传统抗菌防臭纤维的基础上，把用金属离子的抗菌剂改为采用对生物和环境无污染的抗菌剂对纤维进行处理以达到抗菌防臭的目的。

**1. 纳米除臭纤维**　纳米催化杀菌剂包括纳米二氧化钛、纳米二氧化硅、纳米氧化锌等。此类抗菌剂最具代表性的是纳米二氧化钛，其在阳光下尤其是在紫外线照射下能自行分解出自由移动的带负电的电子和带正电的穴，形成空穴—电子对，吸附溶解在二氧化硅表面的氧俘获电子形成 $O^{2-}$，而空穴则将吸附在 $TiO_2$ 表面的—OH 和 $H_2O$，所生成的氧原子和羟基自由基有很强的化学活性，特别是原子氧能与多数有机物反应（氧化），同时能与细菌内的有机物反应生成 $CO_2$ 和 $H_2O$，从而在短时间内就能杀死细菌，消除恶臭和油污。

**2. 银纤维**　细菌滋生会让身体产生异味，而银纤维表面的银离子能非常迅速地将变质的蛋白质吸附其上而降低或消除异味，达到抗菌除臭的目的。

其杀菌的机理就是阻断细菌的生理过程。在温暖潮湿的环境里，银离子具有非常高的生物活性，这意味着银离子极易同其他物质相结合，使得细菌细胞膜内外的蛋白质凝固，从而阻断细菌细胞的呼吸和繁殖过程。环境越温暖潮湿，银离子的活性就越强。经测试，银纤维能于 1h 内抵制 99.9% 暴露于表面的细菌，而大部分其他抗菌产品经测试 48h 后仍无法达到相同的效果。此外，银离子还能削弱病菌体内有活力作用的酵素，因而能够防止副作用和病菌的耐性强化，从根本上控制病菌的繁殖。因此，银纤维是一种高效、安全、持久的抗菌除异味纤维。

**3. 负离子处理的纤维**　添加负离子处理纤维由日本最先研发成功，它集释放负离子功能、远红外线辐射、抗菌、抑菌、除臭、去异味、抗电磁辐射等多种功能于一体，是一种高科技产品。该产品的形成是依赖在纤维生产过程中或在织物染整加工过程中添加了一种纯天然矿物添加剂（例如电气石），其主要成分为一种典型的极性晶体结构的负离子素。

**4. 稀土元素处理的纤维**　稀土元素是指元素周期表中第三类副族中的钪、钒和镧系元素的总称，包括钪 Sc、钇 Y 及镧系中的镧 La、铈 Cc、镨 Pr、钕 Nd、钷 Pm、钐 Sm、铕 Eu 等共 17 个元素。稀土离子的多元配合物能使织物具有耐久的抑菌性能，这是与稀土离子的特性分不开的。稀土离子具有较高的电荷数（+3 价）和较大的离子半径（85～106nm），因而在织物的抗菌整理过程中稀土离子可能与织物中的氧、氮等配位离子形成螯合物，使抑菌剂牢固地与织物结合，与此同时，不同抑菌剂之间以稀土离子为联结点，产生协同抑菌作用，使织物具有抑菌除臭效果。

**5. 竹纤维**　竹纤维是一种天然环保型绿色纤维，它是以竹子为原料经特殊的高科技工艺处理，把竹子中的纤维素提取出来，再经制胶、纺丝等工序制造的再生纤维素纤维。竹纤维中含有天然的抗菌物质，科研人员的试验证实竹沥具有广泛的抗微生物功能，用竹纤维制成的纺织品的 24h 抗菌率可达 71%。竹纤维制品的抗菌除臭性能在经多次反复洗涤、日晒后，仍能保持其固有之势，这是因为在竹纤维生产过程中，通过采用高科技生产技术，使得形成这些特征的成分不被破坏。所以其抗菌性能明显优于其他产品，更不同于其他在后处理中加入抗菌剂等整理的织物，竹纤维制品不会对人体皮肤造成任何过敏性不良反应，反而对人体具有保健作用和杀菌效果。

**6. 甲壳素纤维**　甲壳素纤维具有天然的抑菌除臭功能。甲壳素纤维是从虾、蟹、昆虫等甲壳动物的壳中提炼出来的，是一种可再生、可降解的资源，它对危害人体的大肠杆菌、金黄色葡萄球菌、白色念珠菌等的抑菌率可达 99%，能有效地保持人体肌肤干净、干燥、无味和富有弹性。其抗菌机理如下：其一可能是在酸性条件下，壳聚糖分子中氨基转化为铵盐，吸附带负电荷的细菌，破坏其细胞壁，从而阻碍其发育；其二可能是壳聚糖分解成低分子物，吸附细菌后，穿过微生物细胞壁进入到细胞内与 DNA 形成稳定的复合物，干扰 DNA 聚合酶或 RNA 聚合酶的作用，阻碍了 DNA 和 RNA 的合成，从而抑制了细菌的繁殖。甲壳素纤维对人体皮肤无刺激无毒，还能够起到去除异味的作用。

**7. "儿茶素"处理的纤维**　"儿茶素"（Catechin），又称茶多酚，它是从天然绿茶、柿子等植物中提取的精华（多酚类化合物），具有防止细菌、病毒繁殖，使其失去活性，从而具有优越的抗菌作用。儿茶素是含有多量苯酚性氢氧基（OH）的化合物（即多酚类化合物），它可以利用氢氧基中 H 的还原分解，以及与臭气成分中的 $NH_3$、SH 等附加结合，达到良好的除臭目的。儿茶素作为一种天然提取物，对人体安全无毒，有优良的抗菌除臭效能。

**8. 芳香纤维**　芳香纤维是与嗅觉有关的纤维，从技术上看，它可以包括散发香味的纤维和去除异味的纤维两类。人们研究发现，把芳香物质微胶囊化是一种行之有效的办法。当纤维内混微胶囊化的香料后，香味就能够在较长的时间内连续释放；或当微胶囊被破坏时，香味立即挥发出来，从而达到去除臭味的目的。随着芳香纤维投放市场所显示的巨大潜力，国内外都加紧了对它的研究。

**9. 汉麻**　汉麻分子结构稳定，分子排列取向度好，吸湿能力好，加上其细长中腔内富含氧气，使得在无氧条件下才能生存的厌氧菌无法生存，且汉麻纤维含有汉麻酚类物质。

科学试验证实：汉麻酚类物质对金黄葡萄球菌、大肠杆菌、白色念珠菌等有明显的杀灭和抑制作用。所以，汉麻天然抗菌、防虫、防蛀、除臭，使得它作为防护服为人体增加了一道保护屏障。

### （四）抗菌防臭纤维的应用

随着人们生活水平的提高，对生活品质的追求更趋向于环保、健康，因此，新型抗菌防臭纤维在室内装饰中应用十分广泛，主要用作窗帘、地毯、椅罩、沙发布、台布、壁布、屏风等；在日用杂品中，主要用作寝具、被褥、毛巾、手帕、手套、浴巾、抹布、布玩具等。

## 三、变色纤维

随着人们对产品高档化、个性化要求的日益增强和对功能性要求的提高，具有高附加值和高效益的变色纤维材料近些年来迅速发展。变色织物在生活上可广泛应用于 T 恤衫、裤子、游泳衣、休闲运动服、工作服、儿童服装、窗帘、墙布、玩具等。

### （一）变色纤维的概念与种类

变色纤维是一种具有特殊组成或结构，受到光、热、水分、不同酸碱性或辐射等外界条件刺激后可以自动改变颜色的纤维。变色纤维目前主要有光致变色和温致变色两种，其他还有水致变色和酸致变色等。

**1. 光致变色纤维**　光致变色是指某种物质在一定波长的光线照射下可以产生变色现象，而在另一种波长的光线照射下，又会发生可逆变化回到原来颜色的现象。

光致变色材料分有机类和无机类两种。有机类有螺吡喃衍生物、偶氮苯类衍生物等。该类变色材料的优点是发色和消色快，但热稳定性及抗氧化性差，耐疲劳性低，且受环境影响大。无机类有掺杂单晶的 $SrTiO_3$，它克服了有机光致变色材料热稳定性及抗氧性差，耐疲劳性低的缺点，受环境影响较小。但无机光致变色材料发色和消色较慢、粒径较大。

**2. 热致变色纤维**　热致变色是指通过在表面黏附特殊微胶囊，利用这种微胶囊可以随着温度变化而使颜色变化的功能，而使纤维产生相应的可逆的色彩变化的现象。

研制热致变色（热敏变色）纤维的方法之一是将热敏变色剂充填到纤维内部，由融熔共混纺丝液制成。方法之二是将含热敏变色微胶囊的聚合物溶液涂于纤维表面，并经热处理使溶液成凝胶状来获得可逆的热致变色功效。例如，日本东丽公司开发了一种温度敏感织物 Sway，这种织物是将热敏染料密封在直径为 $3\sim4\mu m$ 的胶囊内，然后涂在织物表面。这种玻璃基材的微胶囊内包含了三种主要成分：热敏变色性色素、与色素结合能显现另一种颜色的显色剂、在某一温度下能使相结合的色素和显色剂分离并能溶解色素或显色剂的醇类消色剂。调整三者组成比例就可以得到颜色随温度变化的微胶囊，而且这种变化是可逆的。方法之三是将热敏化合物掺到染料中，再印染到织物上。染料由黏合剂树脂的微小胶囊组成，每个胶囊都有液晶，液晶能随温度的变化而呈现不同的折射率，使服装变幻出多种色彩。通常在温度较低时服装呈黑色，在 28℃ 时呈红色，到 33℃ 时则会变成蓝色，介于 28~33℃ 会产生其他各种色彩。

### （二）变色纤维的应用

变色纤维在装饰中主要用于变色墙布。利用光致变色纤维和热致变色纤维的变色原理，可以使室内的墙布或涂料早上、中午、晚上各呈现不同的颜色和图案；还可以根据季节的不同呈现不同的颜色和图案——夏季呈冷色调，冬季呈暖色调，春秋季呈中性色调。

## 四、抗静电、导电纤维

### （一）抗静电、导电的纤维种类

纺织材料所带的静电，如果处理不当，会带来很大危害。如织造加油站工人穿着职业服等面料时，为防止灾难产生，往往每隔一定间距就在织物内加入导电纤维和碳纤维。织制地毯时也应尽量选取抗静电纤维，因为静电会使织物吸附尘埃而沾污。按导电成分，纤维可分为抗静电剂型、金属系、炭黑系抗静电导电纤、高分子型导电纤维和纳米级金属氧化物型抗静电纤维等。

**1. 抗静电剂型抗静电、导电纤维**　抗静电剂型抗静电、导电纤维的加工工艺简单，抗静电剂对树脂的原有性能影响不大，可以在材料表面形成导电层，降低其表面电阻率，使产生的静电迅速泄漏；同时，还可赋予材料表面一定的润滑性以降低摩擦系数，抑制和减少静电荷的产生。目前，常用的抗静电剂主要是一些表面活性剂，其分子结构中含有亲油基和亲水基两种基团。亲油基与聚合物结合，亲水基面向空气，排列在材料表面，形成"水膜"。因此，抗静电剂的使用效果取决于用量和诸多外界因素，如温度、相对湿度等。

**2. 金属系抗静电、导电纤维**　这类纤维是利用金属的导电性能制得的。常用的金属有不锈钢、铜、铝、金、银等，类似的方法还有切削法，将金属直接切削成纤维状的细丝，与普通纤维混纺制成导电性织物。另外还有金属喷涂法，它是将普通纤维先进行表面处理，再用真空喷涂或化学电镀法将金属沉积在纤维表面，使纤维具有金属一样的导电性。金属系抗静电纤维的导电性能好，电阻率低，但纤维的手感比较差，而且纤维的混纺工艺难于控制。

**3. 炭黑系抗静电、导电纤维**　常用的抗静电、导电无机物有炭黑、纳米碳管、石墨及石墨烯等。制造导电纤维的方法可分为以下三种。

（1）掺杂法。将上述无机物与成纤物质混合后纺丝，赋予纤维抗静电性能。一般采用皮芯层纺丝，既不影响纤维原有的物理性能，又使纤维有抗静电性。

（2）涂层法。在普通纤维表面涂上炭黑。该法可采用黏合剂将炭黑黏结在纤维表面，或直接将纤维表面快速软化并与炭黑黏合。

（3）纤维碳化处理。有些纤维，如丙烯酯系纤维经碳化处理后，分子主链为碳原子，这种碳纤维具有优异的导电能力。

炭黑系抗静电纤维突出的缺点是产品的颜色单一，只能是黑色或深灰色，并且炭黑容易脱落，手感不好，在纤维内部和表面不易均匀分布。此外，采用皮芯层纺丝时需要专用设备，制造成本很高。

**4. 高分子型抗静电、导电纤维** 高分子材料通常被认为是绝缘体，但20世纪70年代聚乙炔电导材料的研制成功，打破了这一观念。以后相继产生了聚苯胺等多种高分子型导电物质，对高分子材料导电性能的研究也越来越多。利用此特性制备导电纤维的方法主要有以下两种：一种是直接纺丝法，多采用湿法纺丝，将聚苯胺配成浓溶液，在一定的凝固浴中拉伸纺丝，但其合成机理比较复杂，尚在研究之中；另一种是后处理法，在普通纤维表面进行化学反应，让导电高分子吸附在纤维表面，使普通纤维具有抗静电性能。这类纤维的手感很好，但稳定性差，抗静电性能对环境的依赖性较强，且抗静电性能会随着时间的延长而缓慢衰退，这就使其应用受到限制。

**5. 纳米级金属氧化物型抗静电、导电纤维** 纳米级金属氧化物粉体的浅色透明特征，可制得浅色、高透明度的抗静电纤维。在合成导电纤维的诸多手段中是最时尚、最有潜力的方法之一。目前，已产业化的导电纤维所使用的导电粒子就是炭黑和金属化合物，后者是制备白色抗静电纤维研究的重点，但 CuI 有毒，使用受到限制。因此，纳米级 $SnO_2$ 透明导电粉末在抗静电纤维制备中占有重要的地位。

**（二）抗静电、导电纤维的应用**

抗静电织物在家居上应用的范围很广，如防污、防粘缠的民用纺织品；净化空气等所用的无尘衣；地毯、窗帘等室内装饰品。

## 五、远红外纤维

**（一）远红外纤维的保温、保健机理**

红外线是波长范围为 $0.78 \sim 1000 \mu m$ 的电磁波，其中波长为 $2.5 \sim 1000 \mu m$ 的称为远红外线。远红外纤维添加的远红外陶瓷可辐射的远红外线的波长范围一般为 $2.5 \sim 30 \mu m$。而 $4 \sim 30 \mu m$ 的区间波段常常被称为"生育光线"或"培育光线"，该波长的电磁波可提供人体细胞组织所需要的微弱能量。

远红外辐射加热的机理是光谱匹配。即当辐射源的辐射波长与被辐射物的吸收波长相一致时，该被辐射物体就吸收红外辐射能，从而加剧其分子的运动，达到发热升温的加热作用。人体是一个有机体，具有对远红外线吸收率、传导率高的特点。当将某种能够高效吸收人体红外辐射的材料制成服用材料，该物质分子在谐振中能够吸收人体以红外辐射向外释放的能量，还能吸收太阳和人体周围环境所释放的为人体所需要的波长在 $4 \sim 14 \mu m$ 的红外辐射能量，同时这些能量以人体放热相同的频率反馈给人体，从而达到体感升温效果，并通过细胞内水分子的活动激活人体组织细胞，将沉淀在细胞内的老朽废弃物质排出体外，增强新陈代谢，改善人体血液微循环和体液微循环，促进各部位获得氧和营养成分，保持人体细胞的健康，消除微循环障碍，达到保健、辅助治疗、康复疾病的目的。

**（二）远红外纤维的分类**

**1. 从纤维结构上分类** 从纤维结构上可将远红外纤维分为两类，一类是远红外粉在成纤聚合物截面上均匀分散的单一组成纤维；另一类是具有一个或多个芯层结构，或类似于橘瓣形的复合纤维。

**2. 从纤维外观上分类**　从纤维外观上也可分为两类，一类是常规圆形截面纤维；另一类是异形截面纤维，这两类纤维均可制成中空纤维，以增加保暖效果。

**（三）远红外纤维的制备**

**1. 熔融纺丝法**　按远红外辐射材料微粉添加过程和方法，远红外纤维的熔融纺丝法有四种工艺路线。

（1）全造粒法。在聚合过程中添加远红外陶瓷微粉制成远红外材料的切片。远红外微粉与成纤聚合物混合均匀，纺丝稳定性好，但由于再造粒工艺的引入，使生产成本增高。

（2）母粒法。将远红外陶瓷微粉制成高浓度远红外母粒，再与定量成纤聚合物混合后纺丝。该方法设备投资较少，生产成本较低，工艺路线较成熟。

（3）注射法。在纺丝加工过程中，用注射器将远红外粉直接入成纤聚合物熔体中而制成远红外纤维。该方法技术路线简单，但远红外粉与成纤聚合物的均匀分散有困难。且需进行设备改造，添置注射器。

（4）复合纺丝法。以远红外母粒为芯，聚合物为皮，在双螺杆复合纺丝机上制成皮芯型远红外纤维。该方法技术难度高，纤维的可纺性好，但设备复杂，成本高。

**2. 共混纺丝法**　共混纺丝法是将远红外粉体在聚合物聚合过程中加入反应体系，从切片开始就具有远红外发射功能，该方法的优点是生产易于操作，工艺简单。

**3. 涂层法**　涂层法是将远红外吸收剂、分散剂和黏合剂配成涂层液，通过喷涂、浸渍和辊涂等方法，将涂层液均匀地涂在纤维或纤维制品上，经烘干而制得远红外纤维或制品的一种方法。

**（四）远红外纤维的应用**

远红外纤维最早于20世纪80年代末在日本开发成功，近年来在我国市场上走俏。远红外纤维的主体可为涤纶、锦纶和丙纶，尤其是远红外丙纶以其成本低、重量轻及高性能而备受青睐。远红外纤维的品种有长丝和短丝两种，远红外纤维既可与天然纤维、化学纤维进行混纺成纱，也可直接进行针织、机织加工，还可用于非织造加工，因而远红外纤维具有广泛的用途。

远红外纤维经铺网、热黏合或针刺等加工，可制得各种规格的保温絮棉，用于踏花被、毛毯、电热毯、滑雪衣及手套的衬里等，也可用于加工工业管道上的保温材料。

装饰性强的远红外机织布也可用作冬季窗帘、沙发垫布及床罩、床单等床上用品。

# 第四节　装饰用纺织品的性能指标

## 一、装饰用纺织品的机械性能

纺织品在使用过程中，受力破坏的最基本形式是拉伸断裂、撕裂和顶裂。因此，织物的拉伸断裂、撕裂和顶裂是织物重要的力学性能，它不仅关系织物的耐用性，而且与织物的装饰美学性关系也很密切。织物具有一定的几何特征，如长度、宽度和厚度等，在不同方向上的机械性能往往不相同，因此，要求至少从织物的长度、宽度，即机织物从经向、纬向，针织物从直向、横向两个方面分别来研究织物的机械性能。

### （一）拉伸性能

**1. 织物拉伸断裂机理**

（1）受拉系统纱线变直，非受拉系统纱线变得更为弯曲，交织点作用力增加，切向阻力增加。

（2）拉伸初始，织物伸长主要因纱线弯曲减小；后阶段伸长主要因纤维和纱线的伸长与变细，且使织物变薄。

（3）产生束腰现象，非受拉伸纱线弯曲增加，长度缩短，夹口处变形较小，中间较大，试样逐渐收缩。

**2. 影响织物拉伸强度的因素**

（1）织物密度。经密增加，经纬向强力都增加，经纬向交织阻力大。纬密增加，纬向强力增加，经纱开口次数增加，拉伸、摩擦增加，经向强力减小。

（2）织物组织。织物在一定长度内纱线的交错次数越多，浮长线越短，强力越高。在同样条件下，平纹的断裂强力和伸长率大于斜纹，斜纹又大于缎纹。

（3）纤维原料。纤维的性质是织物性质的决定因素，在织物结构相同的条件下，纤维的强伸度是织物强伸度的决定因素。当纤维的强伸度大时，织物强伸度也大。混纺织物的强伸性同混纺纱的强伸性一样受混纺比的影响。

（4）纱线。

① 纱线粗细。由于粗的纱线强力大，所以织物强力也大。粗的纱线织成的织物紧度大，纱线间的摩擦阻力大，使织物强力提高。

② 纱线加捻。纱线的捻度对织物强力的影响与捻度对纱线强力的影响相似，但纱线捻度接近临界捻度时，织物的强力已经开始下降。当织物中经纬纱捻向相反配置时，织物拉伸断裂强力较低；相同配置时，织物的拉伸断裂强力较高。

③ 纱线结构。环锭纱织物与转杯纱织物相比，环锭纱织物具有较高的强力，较低的伸长。这是因为相同粗细的环锭纱强力高于转杯纱强力。线织物的强力高于相同粗细纱织物的强力，这是由于相同粗细时股线的强力高于单纱强力。

（5）后整理。树脂整理可以改善织物的力学性能，增加织物弹性、折皱回复性，减少变形，降低缩水率。

### （二）撕裂性能

**1. 定义**  织物的撕裂性能表示织物内局部纱线受到集中负荷作用，而撕成裂缝的性能。织物在使用过程中，被物体钩住，局部纱线受力断裂，使织物形成条形或三角形裂口，也是一种撕裂现象。

**2. 撕破机理**  撕裂机理可以表示为在裂口处的两系统纱线相互滑移，非受拉系统纱线形成一受力三角区，其中底边第一根纱受力最大，其余纱线逐渐减小，非受拉系统纱线逐根断裂。

**3. 撕裂与拉伸断裂的区别**

（1）在拉伸断裂过程中，直接受力的纱线断裂，并且所有纱线瞬间同时断裂。

（2）在撕裂过程中，非直接受力的纱线逐根断裂。

（3）拉伸断裂与布条的宽度有关，而撕裂与布条的宽度无关。

**4. 影响织物撕裂强度的因素**

（1）织物密度。密度增加，一方面使受力三角区中纱的根数增加，另一方面纱线间摩擦阻力增加使受力三角区变小，故对撕裂强力有正负两方面影响。当纱直径相同时，在经、纬密度均低时，撕破强力大，如纱布；在经、纬密度相接近时，其撕破强力接近；而当经密大于纬密时，经向撕裂强力即经纱断裂强力则大于纬向撕裂强力，如府绸。

（2）织物组织。织物的交织点越多，经纬纱越不容易相对滑移，受力三角区相对较小，撕破强力较小。其中平纹的撕破强力小于斜纹的撕破强力，而斜纹的撕破强力又小于缎纹的撕破强力。

（3）纱线。纱线强度与织物的撕裂强度成正比。纱线的伸长越大，受力三角区越大，撕裂强度越大。纱线的结构、捻度、表面性质等均影响交织处的切向阻力，切向阻力越小，滑动能力越强，受力三角区越大。

（4）树脂整理。增加了滑移阻力，受力三角区减小，减少了伸长能力，撕裂强度下降。

**（三）顶破性能**

**1. 定义**　织物在一垂直于其平面的负荷作用下，顶起或鼓起扩张而破裂的现象称为顶破（顶裂）或胀破。

**2. 织物的顶破破坏机理**　织物多向受力，集中负荷形成剪应力，织物变形最大、强度最薄弱处的纱线断裂，接着沿经向或纬向撕裂。

**3. 影响织物顶破强度的因素**

（1）织物的拉伸强力越大，顶破强力就越大。

（2）织物厚度增加，顶破强力增加。

（3）机织物经纬向结构和性质的差异程度。

经纬纱线断裂伸长和经纬密接近时，顶破强力大，裂口成 L 形（三角形）。

经纬纱线断裂伸长和经纬密差异较大时，顶破强力小，裂口成线形，如府绸。

（4）针织物伸长率大、各向同性好，顶破强力大。同时线圈密度大，顶破强力越大。

**（四）耐磨性**

磨损是指织物间或与其他物质间反复摩擦，织物逐渐磨损破坏的现象。其磨损破坏的表现形式即磨损机理可以分为以下四种，纤维疲劳而断裂、纤维从织物中抽出、纤维被切割而断裂和纤维的表面磨损。纤维疲劳而断裂是指磨料对纤维的反复拉伸弯曲作用使其断裂，是最基本的破坏形式。纤维从织物中抽出表现为抱合力小，纱线、织物结构松散，磨料比较粗大。纤维被切割而断裂则是抱合力大，纱线、织物结构紧密，磨料细小而锐利。

纤维的表面磨损为抱合力大，纱线及织物结构紧密，磨料表面比较光滑，纤维表层出现零碎轻微的破裂。

影响织物耐磨强度的因素可从下面五个方面来介绍。

**1. 纤维的性状**　纤维越长，织物的耐磨性越好。纤维的细度适中有利于耐磨，纤维过细则应力过大，纤维过粗则纤维根数少，抱合力小，抗弯能力差。异形纤维织物耐屈曲磨性及耐折边磨性都比圆形纤维织物差。断裂伸长率、弹性回复率和断裂比功大的纤维，其织物的耐磨性一般都好。

**2. 纱线的结构**　纱线的捻度要适中，捻度过大，纤维片段可移性小、硬、接触面小；捻度过小则纱线结构松，纤维容易抽出。就纱线的细度而言，纱线越粗，耐磨性越好，尤其是平磨。纱线的条干越好，织物的耐磨性则越好，其中粗节处松散，纤维易抽出，耐磨性较差。从单纱与股线的角度来看，线织物比纱织物耐平磨性好，但曲磨与折边磨差。关于混纺纱的径向分布，要求耐磨性好的纤维分布在纱的外层。

**3. 织物结构**　平方米重量越高的织物，其耐磨性越好。织物的结构相与支持面在第五结构相附近时，织物的支持面大，耐磨性好。织物的密度适中时，织物的耐磨性较好。另外，织物组织应综合考虑织物密度与组织，经、纬密低时，平纹较耐磨；经、纬密高时，缎纹较耐磨。

**4. 试验条件**　主要与实验时选用的磨料、张力和压力、实验环境中的温湿度以及摩擦的方向有关，特别对缎纹织物。

**5. 后整理**　棉织物经过后整理的耐磨性在测试时，不同的压力时能够表现出不同的结果，压力大耐磨性下降，压力小则耐磨性提高。

## 二、外观性能

### （一）光泽

国标中对光、光泽、光泽度是这样解释的：光即能够在人的视觉系统上引起明亮颜色感觉的电磁辐射；光泽即表面定向选择反射的性质，表现于表面上呈现不同程度的亮斑或形成重叠于表面的物体的像；光泽度用数字表示物体表面的光泽情况。

当人们看东西时，依自己的经验，除看它的形状、颜色以外，还会看它在灯泡等光源照射下的映像，来评价其光泽是高还是低。一般蚕丝比人造丝的光泽要好，这种对光泽的评价是人的视觉对被观察物体光泽的一种心理反应。根据织物光泽的强弱可将织物分为强光泽织物和弱光泽织物，有时也把光泽的强弱用光泽的量来表示。根据织物光泽的强弱可对织物进行区分，这种光泽的强弱称为光泽的质。光泽质这一概念与心理因素有很大关系。

在评价织物光泽时，不仅考虑其光泽，而且要依据织物的商品属性（类型、原料等）联想其用途（服装的类型），有了这些前提才能对织物光泽进行评价，并且将织物风格进行整体考虑。评价结果受个人特点、风俗习惯和流行趋势的影响，可以说织物光泽的评价是一个复杂的问题。

**（二）色牢度**

纺织品色牢度，也叫染色牢度，是指有色纺织产品颜色抵抗外界各种作用而不变色的能力。通常用变色级数和沾色级数两种方式表示（耐光色牢度除外），变色级数表示试样的颜色经处理后，明度（深浅）、饱和度（艳度）和色相（色光）等方面变化的程度；沾色级数表示处理过程中试样对相邻织物的污染程度。变色级数和沾色级数越高，色牢度越好，表示纺织品抵抗变色或沾色的能力越强。最基本的色牢度项目有耐摩擦、耐洗、耐汗渍、耐唾液、耐日晒、耐水、耐熨烫、耐漂白、耐光汗复合等。

纺织品在印染过程会使用染料、整理剂和各种加工助剂等化工品，许多物质对人体都有害。在使用过程中，纺织品会受到光照、洗涤、熨烫、汗渍和化学药剂等各种外界的作用，如果其色牢度较差，一方面部分染料或整理剂会在人体的汗液、唾液的蛋白生物催化作用下被分解或还原出有害基团，被人体吸收，在体内聚集会对人体健康带来危害；另一方面，在染色过程中或消费者使用洗涤时，因色牢度差而脱落的染料和整理剂随着废水排放到江河中，也会对环境带来不利的影响。所以，纺织品色牢度不仅是重要的品质指标，也是重要的生态技术指标。

近年，在国际纺织服装贸易中，对色牢度的要求除了保证产品的质量外，还不断重视其安全性和环保性。各国利用法律、法规、标准等形式对纺织品中涉及人体健康、环境保护等有害物质不断提出新的限量指标，色牢度就是其中一项，国际纺织品协会标准对色牢度要求项目为：耐水、耐汗渍、耐干摩擦和耐唾液四项。欧盟生态纺织品标志要求的色牢度在国际纺织品协会标准基础上又增加了耐湿摩擦和耐日晒色牢度。

**（三）起毛起球性**

**1. 定义**　织物在穿着和洗涤过程中，不断经受摩擦、揉搓等作用，织物表面会起毛，若这些毛茸不及时脱落，就会相互纠缠成球，织造外观恶化，织物经摩擦后起毛球的程度称为起毛起球性。

**2. 起球过程**　织物起球过程如图 2-4-1 所示。

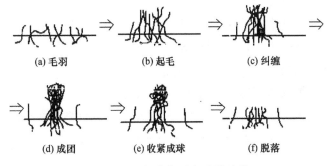

(a) 毛羽　　　　(b) 起毛　　　　(c) 纠缠

(d) 成团　　　　(e) 收紧成球　　　　(f) 脱落

图 2-4-1　织物起毛起球的过程

（1）表示织物原样。

（2）表示第一阶段，织物表面的纤维因不断经受摩擦从织物中抽出产生毛茸。

（3）表示第二阶段，未脱落的纤维相互纠缠，并加剧纤维的抽拔。

（4）表示第三阶段，纤维纠缠越来越紧，最后形成小球粒。

（5）表示第四阶段，连接球粒的纤维断裂或抽拔。

（6）表示第五阶段，部分球粒脱落。

**3. 影响织物起球的主要因素**

（1）纤维性状。短纤维会提供更多的端毛羽，而过短的纤维虽足以起毛，但易于脱落而不易成球。

（2）纱线性状。纱线的捻度大，结构紧密，纱线粗节少，结构松区域小，纱线包缠结构、股线结构和纤维在纱中的转移，纱线的初始毛羽少，都不利于毛羽量和毛羽长度的增加。

（3）织物结构。织物膨松、交织点少、浮长长、线圈长度长时，都会有利于起毛量和起毛长度的增加。

（4）后整理。可直接减少织物的起毛起球。

**（四）刚柔性**

**1. 定义**　刚柔性主要是指织物的硬挺（抗弯刚度）和柔软度。

**2. 影响因素**

（1）纤维性状。初始模量大，刚度大。异形截面大于圆形截面。

（2）纱线性状。纱线越粗，刚度越大。纱线捻度越大，刚度越大。当纱线捻向相同时，接触点啮合，不易松动，刚度大。

（3）织物结构。织物越厚，刚度越大。交织点越多，刚度越大。织物的紧度越大，则刚度越大。

（4）后整理。不同的整理方式影响不同。

**（五）悬垂性**

**1. 定义**　织物因自重下垂的程度及形态称为悬垂性。织物的悬垂性与曲面轮廓的侧面美观性有关。其主要指标为悬垂系数，悬垂系数越小，悬垂性越好，织物越柔软；反之，织物较刚硬。

**2. 影响织物悬垂性的主要因素**

（1）纤维刚柔性。纤维越柔软，悬垂性越好。纤维细度较小时越有利于悬垂性。

（2）纱线捻度。捻度小，有利于悬垂性。

（3）织物厚度。织物厚度越大，织物的悬垂性越差。

（4）织物紧度。织物紧度越小，越有利于悬垂性。

（5）织物单位面积重量。织物单位面积重量增加，悬垂系数变小，但织物单位面积重量过小时，容易产生轻飘感，悬垂性变差。

## 三、易照料性

**（一）沾污去污性**

**1. 整理手段**

（1）易去污。使织物吸附的油污粒子转入洗涤液中。

（2）拒污。降低表面张力（纤维或织物）或制造拒污的隔离层。

**2. 机理**

（1）易去污机理。将油污/织物的界面变成油污/水和织物/水的两个界面，使织物吸附的油污粒子转入洗涤液中。

（2）拒污机理。增加纤维的亲水性，减少静电的产生与积累，降低纤维的表面张力或制造拒污的隔离层，降低织物表面张力。

**（二）洗可穿性（免烫性）**

洗后不加熨烫或稍加熨烫就可保持平挺而可穿用的性能，称作免烫性。一般纤维吸湿性小的，织物在湿态下的折痕回复性好的、缩水性小的，织物的免烫性较好。毛织物免烫性能较差。氨处理、树脂整理可改善织物的免烫性。

**（三）防蛀性**

**1. 毛织物的防蛀处理**　防蛀剂包括含氯或含氯与氟的磺酸基团的"无色酸性染料型"化合物；农药狄氏剂；二氯苯醚菊酯。

**2. 棉麻织物防蚊处理**　驱蚊理论：蚊虫叮咬人体，主要凭借人体周围 $CO_2$ 浓度较高而跟踪。采用二氯苯醚菊酯浸轧、浸渍织物达到杀蚊的目的。

## 四、稳定性

**（一）织物的缩水性**

缩水性表示织物在常温水中浸渍或洗涤干燥后，长度和宽度发生的尺寸收缩程度，除合纤织物或以合纤为主的混纺织物外，一般织物如果未经防缩整理，落水或洗涤后都会有一定程度的收缩。其缩水程度与织物的吸湿性、捻度、紧度、织物加工张力、后整理等有关。

织物缩水的普遍机理是由于吸湿后纤维、纱线缓弹性变形的加速回复而引起的。其中吸湿性较好的天然纤维和再生纤维织物缩水的原因：一方面是由于一系统纱线吸湿后直径显著膨胀，压迫另一系统纱线，使它更加屈曲，从而引起该方向织物明显缩短；另一方面，当织物干燥后，纱线的直径虽相应减小，但由于纱线表面切向滑动阻力限制了纱线的自由移动，所以，纱线的屈曲不能回复到原来状态。

**（二）抗皱性**

织物抵抗因揉搓引起的弯曲变形能力，或折痕回复能力，称为抗皱性。其测定方法为试样对折在一定负荷下保持一定时间，负荷去除恢复一定时间测量折痕的回复角。

## 五、安全性

**（一）阻燃性**

阻燃面料是指在接触火焰或炽热物体后，能防止本身被点燃或可减缓并终止燃烧的防护织物，适用于在明火、散发火花或熔融金属附近使用，或用于有易燃易爆物质、有着火危险的环境中。阻燃整理主要是在纺织品的后整理加工过程中对织物进行处理，从而使织物具有阻燃性能。织物阻燃整理工艺简单、投资少、见效快，适合开发新产品。

### （二）抗静电性

目前，获得抗静电织物的方法主要有把普通纤维与导电纤维按特定比例混纺、将化纤织物表面涂敷抗静电整理剂、利用抗静电纤维直接进行纺织品的织造。利用普通纤维与导电纤维混纺获得抗静电织物的方法，在国内比较成熟。抗静电纺织品具有广阔的市场前景。抗静电整理所用的抗静电整理剂一般属于表面活性剂，包括阳离子型、阴离子型和非离子型，其中阳离子表面活性剂的抗静电效果最好，高分子量非离子型表面活性剂的抗静电耐久最好。

### （三）防毒性

防毒织物主要用于制作防毒服，主要类型有隔绝型防毒织物，是橡胶涂层制品；吸附型防毒织物，使用活性炭等具有微细孔隙的物质对毒气、毒液物质进行吸附；解毒型防毒织物，利用附着于织物上的化学物质与毒剂发生化学反应，使其失去毒性。

## 六、舒适性

织物的舒适性在广义上普遍认为是指除了一些物理因素外（织物的隔热性、透气性、透湿性及表面性能），还包括心理与生理因素。而在狭义上则广泛认为是在环境—服装—人体系列中，通过服装织物的热湿传递作用经常保持人体舒适满意的热湿传递性能。

**1. 热湿平衡及舒适性**　人体穿着衣服后，身体与环境之间处于不断的能量质量交换中，人体的舒适感取决于人体本身产生的热量、水分和周围环境散失热量水分等之间的能量质量交换平衡。

**2. 通透性**　表示空气（气流）、热、湿（气相、液相）通过织物的程度。

**3. 保温性**　表示织物保持被包覆温度的程度。

**4. 透湿性**　表示织物透过水汽的程度。织物透湿的实质是水的气相传递，当织物两边存在一定相对湿度差时，水汽从相对湿度高的一侧传递到相对湿度低的一侧。透湿途径分为两种，一种是水汽直接通过织物空隙传递，另一种是水汽被纤维吸湿，由纤维将水汽从高湿空气一侧传递到低湿空气一侧。皮肤表面蒸发的水汽如果不能及时通过织物排出，会在皮肤和织物之间形成高湿热区域，使人感觉闷热不适。

**5. 透水性与防水性**　表示液态水从织物一面渗透到另一面的性能，称为织物的透水性。有时采用与透水性相反的指标防水性来表示织物对液态水透过时的阻抗特性。织物透水的实质是水的液相传递，即织物两边存在水压差：水从压力高的一面向压力低的一面传递的过程。织物透水途径为纤维吸湿作用、毛细管作用、水压作用。一方面，织物应阻止来自外界的水到达，如雨水等，即织物应具有一定的防水性；另一方面，当人体表面出现汗液湿，应尽快使汗液通过织物排出。理想织物应具有防水透湿效果。

**6. 透气性**　表示织物通过空气的程度，当织物两边的空气存在一定压力时，空气从压力较高的一边通过织物流向压力较低的一边。夏季服装用织物，透气性好，则服装穿着具有凉爽适意感。冬季外衣用织物，透气性小，则服装中具有较多的静止空气，具有防风保暖效果。织物透气性主要取决于织物中空隙的大小和多少。而织物中空隙的大小和多少与纤维性状、纱线性状、织物结构、织物后整理有关。

## 七、卫生性

### （一）防菌性

使用后的纺织品就会有汗、皮脂、污垢等代谢废物附着其上，由于微生物的关系，经过一定时间，就会出现纤维老化、色素附着之类的异常情况。但当施以抗菌防臭整理技术，利用处理药剂作用到纺织品上，通过药理作用破坏菌类细胞内蛋白质的结构，杀死细菌、抑制住微生物的繁殖，就可以达到维持人体卫生生活环境的目的。

抗菌防臭的加工药剂，种类繁多，其中具有代表性的加工药剂，如无机系抗菌剂、与纤维配位的金属系抗菌剂、有机硅第四级铵盐系抗菌剂、第四级铵盐系抗菌剂、胍系抗菌剂、铜化合物系抗菌剂、天然物系抗菌剂等，都属于无损皮肤健康、洗涤时不易脱落，同时又能有效发挥抗菌作用的加工药剂。表 2-4-1 为常用防菌整理方法及所适用织物。

表 2-4-1　常用防菌整理方法及所适用织物

| 方法名称 | 加工方法 | 适用织物 |
| --- | --- | --- |
| 有机硅—季铵盐抗菌整理 | 浸渍法、浸轧法 | 睡衣、被褥、内衣、内裤、运动服、工作服、袜子及毛巾 |
| 二苯醚类抗菌整理 | 浸渍法、浸轧法、喷雾法 | 袜子、内衣、毛巾、衬衫、运动服、床上用品、窗帘、手帕和地毯 |
| 有机氮抗菌整理［有效抑制白癣菌（真菌）、金黄色葡萄球菌、大肠杆菌，且耐洗涤效果优于有机硅—季铵盐］ | | |
| BCA/747 法 | | 运动衫、袜子、鞋垫 |
| 碱性绿—铜盐抗菌整理 | — | 鞋垫 |
| 铜锆盐类抗菌整理 | | 棉织物 |
| 苯酚类抗菌整理 | | — |

### （二）防霉性

微生物是体形微小、构造简单的低等生物的总称，一般包括病毒、类病毒、立克次氏体、细菌、放线菌、真菌、小型藻类和原生动物。而与纺织品抗微生物整理密切相关的微生物是细菌、霉菌（腐生性真菌）、酵母菌和放线菌等。

微生物在自然界中的分布极其广泛，空气、土壤、江河、海洋及自然物体中都有微生物存在。有机物质或含有有机物质的材料，本身就是微生物很容易利用的营养源，一旦环境条件适宜，微生物就会迅速生长和繁殖，破坏材料的物质结构，使其劣化和变质。微生物在纺织品上的过度繁殖，除了导致纺织品本身外观和性能的破坏，病原微生物还会导致使用者自身的感染和伤害。

目前研究开发的热点主要集中在天然抗微生物材料，如壳聚糖、高分子阳离子聚合物和纳米材料的应用以及可再生抗菌整理技术的研究等。理论上讲，用于纺织品整理的杀菌剂称为抗微生物整理剂。杀菌剂对微生物的作用，有的是真正把微生物杀死，有的只是由于微生物的生物活性的某一过程受阻而受到抑制，所以有杀菌和抑菌作用之分。但是，杀菌和抑菌作用只是相对而言，它与杀菌剂的性质、使用浓度及作用时间的长短有着密切的关系。因此，有时同一种杀菌剂在低浓度时是抑菌的，但在较高浓度时是杀菌的。而应用于纺织品的整理加工，又要满足纺织品自身性能、加工工艺及其最终用途的要求。

### 八、特种性能

特种性能包括防辐射、吸收和屏蔽红外线。常见整理方法如下。

**1. 防红外线整理**  用特种染料染色和满地印花和用防红外线剂整理。

**2. 防 γ 射线整理**  铅粉或铅的化合物和橡胶黏合制成服装面料；纯棉织物上喷涂 45%~60%（重量比）的硫酸钡溶液；浸轧整理：工作液为二硫化钼 15%~25%，硫酸镁 4%~6%，橡胶黏合剂 14%~18%，柔软剂 2%~7%，渗透剂 1%~5%。

**3. 防 X 射线整理**  铅、钡、钼、钨等金属及其化合物与织物黏合；防护 γ 射线的用料也可用于 X 射线的防护。

**4. 防微波整理**  金属喷涂织物，如镀银、镍、铜或喷涂涂层和腈纶铜化处理。

注意：不同装饰用纺织品指标不同，如床上用品侧重于舒适性、安全性、卫生性，选择柔软、触感好、舒适卫生的材料；而窗帘织物侧重于悬垂性和阻燃性等。

---

## 思 考 题

1. 装饰用纺织品开发所用常规纤维有哪些，详细说明每一类中两种纤维的特性和应用。

2. 装饰用纺织品开发所用高性能纤维有哪些？详细说明其中两种纤维的特性和应用。

3. 装饰用纺织品开发所用功能纤维有哪些？详细说明其中两种纤维的特性和应用。

## 参考文献

［1］于伟东.纺织材料学［M］.北京：中国纺织出版社，2006.

［2］姜怀.纺织材料学［M］.上海：东华大学出版社，2003.

［3］姜淑媛，金鑫，方莹，等.家用纺织材料［M］.上海：东华大学出版社，2013.

［4］姚穆.纺织材料学［M］.4 版.北京：中国纺织出版社，2015.

# 第三章 装饰用纺织品图案与色彩

本章知识点

1. 装饰用纺织品图案的设计特点，设计的法则、构思及其变化，构成形式。

2. 色彩的体系有几种表示方法。

3. 装饰用纺织品色彩的情感、色彩的对比和色彩的调和。

4. 装饰用纺织品图案配色的方法。

## 第一节 装饰用纺织品图案设计

### 一、装饰用纺织品图案的设计特点

装饰用纺织品图案设计从属于工艺美术，是以表现为主、静止抒情的实用艺术。实用性、技术性、美观性是其形象特征。与其他装饰图案设计一样，是把生活中的自然现象，经过艺术加工，使其成为用于纺织品上、适合实用和审美目的的一种纹样图案。装饰用纺织品图案最终必须通过纤维制作，并成为产品，因此，其又受到材料和生产条件的制约，这决定了它与产品用途、生产、经济效益等方面的依赖关系。装饰用纺织品和其他生活用品一样，和人们的日常生活紧密相联，广泛地影响人们的生活。它对于美化人们的生活，培养人们审美趣味，陶冶高尚情操都具有重要的作用。

古今中外的装饰用纺织品图案是劳动人民创造的，它来源于劳动人民长期的生产实践和艺术实践。生活是装饰用纺织品图案设计的源泉，只有在生活实践中才能创新和发展。但也应当认识到国内外文明流传给后人的优秀图案遗产是值得学习的，都是当下设计者在创新中需要借鉴的。

装饰用纺织品图案与其他艺术一样，是人们意识形态的反映，是上层建筑的一个组成部分。社会的政治、经济、哲学、文化都直接或间接地影响着装饰用纺织品图案的发展。设计者应该按照"古为今用、洋为中用、百花齐放、推陈出新"的方针，以人民群众的生活为创作源泉，在继承优秀传统文化的基础上，创造出具有民族艺术风格，为广大人民喜闻乐见、适用、美观的装饰用纺织品图案。

**1. 实用性与装饰性相结合** 在现实生活中，从装饰用纺织品的作用来看，它具有物质性和精神性，即实用性和装饰性两重属性。

装饰用纺织品是人们的生活用品，必须具有实用性。如适当的地毯图案可提高地毯平整感和完整感；适当的窗帘图案可提高窗帘的悬垂性，如图3-1-1所示；适当的墙纸图案

图 3-1-1　提高悬垂感的窗帘图案

可改变人们对室内空间结构的感觉等。

装饰性是装饰用纺织品的精神属性，体现设计者和使用者本身的审美教育、审美要求、审美趣味、审美习惯和审美观。图案设计者根据内容要求，把对生活的愿望、理想以及大自然各种美的形象，以自己丰富的想象力和浪漫手法进行加工、提炼、典型化，在纺织品上通过歌颂、象征、寓意、夸张、取舍的形式进行造型和装饰。所以，装饰用纺织品图案设计在艺术构思上是受到时间、地点、实用、经济等条件的一定限制，但在形象思维上，却可以海阔天空，不受时间、地点、现实生活的局限。

在实用性和装饰性关系上，装饰性必须从属于实用性。两者相互制约而又相互统一，有时根据具体情况，又各有侧重。在装饰性的表达上，有相对的独立性，它应建立在功能用途、纤维材料、工艺技术、销售对象的基础上。

**2. 适应性**　装饰用纺织品图案就其使用范围，是在如地毯、窗帘、沙发等各种物体上的设计，是在各种平面、立体上进行装饰，这样就产生了其"适应性"。要使图案符合设计思想和使用需要，并适合各种情况和环境，必须注意以下几点：内容与形式的相适应；局部与整体的相适应；艺术风格与生活习惯相适应；造型与用途相适应；平面装饰与立体造型相适应；纹样组织与生产工艺相适应。图 3-1-2 为与沙发及靠垫相适应的图案。

图 3-1-2　与沙发及靠垫相适应的图案

#### 二、装饰用纺织品图案设计的法则

优秀的装饰用纺织品图案，不但要有深刻而生动的内容，而且要具有人们喜闻乐见的艺术形式。内容与形式的辩证统一关系是进行图案设计必须运用的重要法则，因此，研究探讨图案的规律是很有必要的。

在长期的艺术实践中，人们总结了许多关于图案艺术的形式法则和规律。这些法则和规律是表现图案内容的方法，是图案完美形式的一些共同原则。随着社会历史条件的不断发展变化，反映在图案上的法则也在不断地丰富。因此，在图案创作的艺术实践中，应结合图案的实用要求和具体内容，结合不同装饰用纺织品实际，学习和运用这些法则，并使其在学习和运用的过程中得到不断的发展。

**1. 变化与统一**　变化与统一的法则，是适用于一切造型艺术表现的一个普通的原则。它反映事物的对立统一规律，也是构成图案形式美的最基本的法则。变化与统一的法则就是在对比中求调和。设计图案时，经常遇到各种各样的矛盾和要求，如：内容的主次；构图的虚实、聚散；形体的大小、方圆、厚薄、高低；线条的粗细曲直、长短、刚柔；色彩的明暗、冷暖、深浅；材料的轻重、软硬以及质感的光滑与粗糙等，都是互相矛盾的因素。在这种情况下就要找到统一的因素，使变化和谐。体现变化与统一的图案如图3-1-3所示。

图3-1-3　体现变化与统一的图案

变化是一种对比关系。相互对比的形、色线等，给人以多样化和动态的感觉，处理好了会感到生动活泼、强烈新鲜、富有生气。但是过分"变化"容易使人感到松散，杂乱无章。"统一"是规律化，就是图案各部分的造型、色彩、结构等有相同的或类似的因素，把各个变化的局部，统一在整体的有机联系之中。所以，统一是一种协调关系，它可使图案调和、稳重，有条不紊，呈静态的感觉。但是过分统一容易呆板、生硬、单调、乏味。

变化与统一的法则，变化的一方总是复杂、多样；统一的一方总是单纯、协调。因此，装饰用纺织品图案要求统一，就必须要使主调占优势。为了达到这个目的，在设计中经常在线、形、色彩等表现上使用反复的手法。有规律的反复或是无规律的反复，都可以求得作品的统一。另外，渐变的手法可使作品纹样产生有节奏而统一的美感。

变化与统一，在图案构成上虽有矛盾，但它们又相互依存，互相促进。设计时必须处理好变化与统一的辩证关系。要做到整体统一，局部变化，则必须使局部变化服从整体，也就是"乱中求整""平中求奇"。统一与变化相辅相成，两者必须有机结合，在统一中求变化，在变化中求统一，以达到变化与统一的完美结合，使作品既优美又生动。

**2. 对称与均衡**　对称与均衡是图案形式美的基本法则之一，也是图案中求得重心稳定的两种结构形式。对称式同形同量的组合，以中心线划分，上下或左右相同，如人体的

眼、耳、手、足；蝴蝶、鸟类的双翼；雪花；植物对生的叶子、轮生的花瓣；车轮、盆、盘等。

对称是有节奏的美，对称的图案规律性强，有统一感，使人看了能产生庄严、整齐的美感。

对称在室内装饰、抽纱、刺绣、地毯、编织、印染等工艺品设计中应用非常广泛。体现对称法则的图案如图3-1-4所示。其形式有左右对称、上下对称、斜角对称、多面对称、多角对称等。

均衡是异形同量的组合，是以中心线或中心点保持力量的平衡。体现均衡法则的图案如图3-1-5所示。生活中这样的现象很多，人体的运动、鸟类的飞翔、走兽的奔驰以及行云流水等，都属于平衡状态。人们用右手提一桶水，身体一定要向左倾，左臂向外伸开，身体才能保持均衡。在图案设计中，画面上的形状有多有少，有大有小，而重心却又很稳定，这种结构生动、安排巧妙的画面，都是属于均衡的例子。均衡是有变化的美，其结构特点是生动活泼、富于变化，有动态的感觉。

图3-1-4 体现对称法则的图案

图3-1-5 体现均衡法则的图案

对称好比天平，而均衡好比秤。在实际应用中，对称与均衡常常是结合运用的。

设计构图采取哪一种表现手法，要看内容、用途、需要来决定。比如对称图案中出现部分的不对称，或多面对称又以均衡结构为单元纹样，以求得有变等。依照上述对称的法则，就可以创造出无限的变化，设计出富有实用性和艺术性的装饰用纺织品图案。

**3. 对比与调和**　认识物与物的区别，其根据是对比。对比也称对照，如新旧对比、黑白对比等。在装饰用纺织品图案设计中，形象的对比，有方圆、大小、高低、长短、宽窄、肥瘦；方向的对比有上下、左右、前后等；色彩的对比有深浅、冷暖、明暗、动静等；分量的对比有多少、轻重等；材料的对比，有软硬、光滑与粗糙等。一般是性质相反而且相似要素较少的东西，就可表示出"对比"的现象来。经过对比，互相衬托，更加明显地表达出其各自的特点，以取得完整而生动的艺术效果。如大小对比，以小衬大，显得大的更大，小的更小。利用方形与圆形的对比，及长、宽、高三度的对比，可使图案更加生动。对比能产生活跃感，是生动活泼的表示。

调和与对比相反，对比强调差异，而调和的差异程度较小，是视觉近似要素构成的。线、形、色以及质感等要素，相互间差异较小，而具有某种共同点时，就容易得到调和。在图案上，如形状的圆与椭圆，色彩的黄绿与绿、蓝与浅蓝等，具有和谐宁静的效果，给人以协调感。如青山绿水蓝天，看起来差异较小，使人产生柔和和舒适的感觉。

图 3-1-6　体现对比与调和
法则的图案

对比与调和是取得变化与统一的重要手段，是图案的基本技巧。体现对比与调和法则的图案如图 3-1-6 所示。运用时要防止脱离实际，过分强调对比的一面，容易形成生硬和僵化的效果。过分强调了调和的一面，容易形成呆板和贫乏的感觉。图案中有时要做到既调和又有对比，"万绿丛中一点红"的效果就比较好。一般来说，对比具有鲜明、醒目、使人振奋的特点；调和具有含蓄、协调、安静的特点。

设计中的方中见圆，圆中见方，刚中见柔，柔中见刚，动中有静，静中有动等，都概括了这种表现手法的特点。

**4. 节奏与韵律**　在图案上，节奏是规律的重复，条理性与反复性产生节奏感。韵律是在节奏的基础上的丰富和发展，它赋予节奏强弱起伏、抑扬顿挫的变化。所以，节奏带有机械美，而韵律只是在节奏的变化基础上产生的情调，具有音乐美。

节奏与韵律产生于各种物象的生长、运动的规律之中，如植物的枝节有对生、互生、轮生等，都是有节奏地逐渐伸展的。向日葵的花籽是由中心向外盘旋生长的，贝壳斑纹的排列伸展，以及投石子于池塘所引起的涟漪等，都有自己独特的节奏和韵律。

节奏和韵律最简单的表现方法，是把一个图案连续表现出来。由于反复就能产生节奏。如再加以变化，就可构成富于韵律的图案。再运用渐变与对比的方法，就可增加趣味。节奏和韵律表现得好，可产生静态的、激动的、雄壮的、单纯的、复杂的等多种不同的感觉。一个装饰用纺织品图案，运用不同的、千变万化的线、形、色、量的复杂配置，如音乐一般，唤起人们在思想感情上的愉快感觉。体现节奏与韵律法则的图案如图 3-1-7 所示。

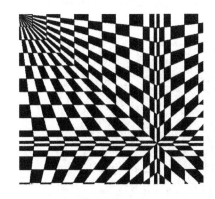

图 3-1-7　体现节奏与
韵律法则的图案

自然界中各种现象所表现的由大到小、由粗到细、由疏到密等节奏的变化，以及渐变的、起伏的、反复交错的韵律性，都会产生一种优美动人的效果。如自然风景、山水的起伏等都有独特而优美的韵律。所以，设计时精心安排大小方向、粗细疏密、曲直长短、明暗冷暖的关系，可以创造出各种不同的、有生气的、有活力的图案。

**5. 安定与比例**　在自然界中，静止的物体都是按力学的原理，以安定的形态存在着。因此，不论平面或立体图案，都要有安定的原则。在一些装饰用纺织品设计中，安定的原则显得更为重要。

三角形的底边在下面时是安定的，如果把金字塔倒过来就会感到非常危险。在设计这类图案时，为了补救这个缺点，就把下面的色彩加重，增加适当的装饰纹样，也能达到安定感。

安定的原则，并不完全取决于形式，重要的是取得恰当的重心。图案的重心位置不同，给人的感觉也不同。重心越靠下面，给人感觉越稳，但缺点是庄重有余、活泼不足，若重心往上或往旁边移动，不容易稳，但掌握得好，则能得到非常新颖动人的作品。所以，许多小巧玲珑、形态活泼的图案重心都不放在下面。

比例，图案的长、宽、高的关系。图案的局部与局部之间，局部与整体之间都应有一定的比例关系。比例关系的巧妙运用，可以使图案和谐，增进美感。人类在长期的生产活动中通过观察和运用，总结出各种尺度，一般说都是以人体的尺度作为标准，根据使用的便利而制定的。如建筑、家具、器皿、服装、生产工具等，都是根据人的尺度来决定的。

大自然中，一切生物比例尺度的产生，如花草树木的高低、大小，飞禽走兽的翅膀、体形、四肢的长短粗细等，都是根据自然生长和生活条件而产生的。一切纹样、构图都要求有适当的比例。图案是可以夸张某些比例的，但夸张一定要与特征结合，突出美的部分。体现安定与比例法则的图案如图3-1-8所示。

**6. 动感和静感**　图案设计根据不同的目的和用途，可采取动感较强或静感较强的不同构成方法。静感的纹样较严肃，动感的纹样较活泼。由于统一与变化的程度不同，因此，动感与静感的程度也各有不同。偏向统一的构图为静的状态，偏向变化的构图为动的状态。对称纹样为静感，均衡的纹样趋向动感。线条的粗细一致趋向静感，线条变化或粗细不同，就有动感。一条水平线是静态的，波纹曲线就有动的感觉；十字形是静态的，而旋涡状线就有较强的动感。圆形有动感，圆中加一条曲线就有明显的旋转状态，圆中加一条直线，如同太阳升上地平线，显示了动感。体现动感法则的图案如图3-1-9所示。

图3-1-8　体现安定与比例法则的图案　　　　图3-1-9　体现动感法则的图案

54

方形具有安定的静态感，如果将其斜置，就像风车一样有动的感觉。在斜置的方形下面加一条水平线，使两边倾斜得到支撑，就像一个浮标，显示了动中有静。方形加上一条曲线，就像一个帆船在海浪里，动荡感就更强。所以，在装饰用纺织品图案中对立体的装饰物，特别要注意安定感，这也是在感觉上要求不破坏平衡的美的规律。从色彩方面来看，暖色倾向于动感，冷色倾向于静感，色调明的偏动，暗的偏静。对比强烈的色彩偏动，调和色彩偏静。

**7. 渐变与突变**　渐变是逐渐变动的意思，就是一连串的类似，即形象在调和的阶段中具有一定顺序的变动。比如，月亮由刚显露出的月牙形渐变成圆形，太阳东升，逐渐西下，太阳光线的移动，以及春夏秋冬一年四季的变化，都是一种自然性顺序的渐变。

人类也是在一种渐变过程中生活的，一切生物，从生到死，就是一个渐变过程。自然界的植物生长，都具有渐变的现象，在秩序和法则中表现出无限的变化和统一。

渐变意味着变化、进步与生命，它在视觉艺术中担负着重大的任务。渐变不仅是逐渐变，同时也是无限变化，是节奏、韵律、自然的感觉，是人们在生活中的体验。渐变过程，使人们不觉得跳动，在视觉上很容易被人接受。在艺术上是一种很好的处理手法。渐变的方法有以下三种。

（1）空间渐变。如位置、方向、前后、大小、远近、正侧及轻重等。

（2）形状渐变。如形状的增减、分裂、大小渐变和视点方向渐变。一般渐变过程越多，效果越好。

（3）色彩渐变。明度渐变，纯度渐变，色相渐变，由浓到淡地进行渲染和晕色也是一种渐变。

体现渐变法则的图案如图3-1-10所示。

**8. 统觉与错觉**　看物象时，常注意其最强部分或有变化部分。这时在视觉上会引起以其部分为中心的统一感觉，这种感觉称为统觉。

统觉的现象，常见于连续纹样，特别是几何形四方连续纹样，是由一个纹样，向上向下左右连续组成一大片，好像由很多单位集合一起，成一个纹样，这种效果也称为统觉。体现统觉法则的图案如图3-1-11所示。

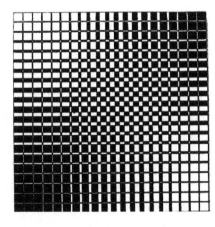

图3-1-10　体现渐变法则的图案

图3-1-11　体现统觉法则的图案

图 3-1-12　体现错觉法则的图案

错觉是人的眼睛观察物形或色彩时，视觉炫感而使心理发生的一种误认。这种误认的感觉，称作错觉作用。错觉归纳为形的错觉与色的错觉。

形的错觉，是观看物与物互相关系时所引起的错觉，有大小、长短、宽窄、正斜、曲直等错觉。

色的错觉。色彩方面，也往往发生错觉。例如，两个同样大小的正方形中的圆，由于一明一暗的关系，造成视觉上的错觉。感觉明的大，暗的小；白的大，黑的小。这是因为白色扩散，黑色吸收。如两个同样大小的沙发，一个黑色，一个白色，则会产生黑色的感觉比白色的小。体现错觉法则的图案如图 3-1-12 所示。

### 三、装饰用纺织品图案的构思与变化

#### （一）装饰用纺织品图案的构思

**1. 图案构图的意义和特点**　图案的构思简称为构图。构图是图案的组织形式。必须运用图案的法则，对图案的形象、色彩、组织进行反复，认真地推敲和琢磨，妥善地安排处理，主要是解决造型的整体与局部的关系，如：把造型上的主从、疏密、虚实、高低、开合、聚散、繁简、呼应等变化；形象上的大小、方圆、长短、曲直、起伏、动静、反正等变化；色彩上的浓淡、强弱、明暗、冷暖、刚柔、轻重等变化，在装饰物上组织统一起来，体现出作者的构思，使图案获得和谐统一、协调一致的艺术效果。

图案是美术形式的一种，在构图规律上与其他美术形式有着某些共通的地方，但是图案必须有一定的实用性，同时需要采用一定的工艺材料，通过生产制作来体现。因此，图案设计的构图规律有着自身的特点，受实用目的的制约，也受材料和生产制作条件的制约。

图案构图的特点是有规律、有秩序地安排处理各种形象，具有一定的程式，有较强的韵律感。

从工艺形象上来说，图案语言的"群众化"，图案样式的"民族化"，图案技巧的"装饰化"，都是图案的重要特点，必须作深刻的研究。

**2. 图案构图的要点**

（1）构思。构思是图案设计的基础，是现实生活反映在作者观念中而产生的艺术形象，因此，设计者要充分发挥想象力，尽情表达内心的思想情感与意境，逐渐把整体布局、结构因素等肯定下来，再深入细致地刻画每一个形象，以进行进一步的艺术加工。

（2）主题。图案构图要从整体出发，要突出主题，主次要分明。

（3）布局。图案构图的布局要严谨。在构图过程中首先要解决大的布局和主要形象的定位，使整个画幅形成气势，才能达到气韵生动，具有较强的艺术感染力。

（4）骨格。骨格也称骨架，是图案组织的重要形式。如同人体的骨架、花木的主干、

建筑的柱梁，决定图案的基本布局。

在构图时，必须在装饰的形体内先定出骨格线。方法是：在各种形体的装饰画面内，求出纵横相交的中心线，使之成为十字格，再加以平行相交线，就成为井字格。将十字格与两对角线交叉，则成为米字格。在我国传统图案中，经常采用"以方为基、剖方为圆、方圆成角、分格成边"等骨架方法。

（5）层次。图案构图体现层次的方法是用形体大小，线条的粗细、疏密，色彩的明暗、浓淡，或以有限色阶的色块，来体现远近层次的关系。

（6）虚实。每幅图案都是由形象与空白所组成。采用巧妙的虚实处理，是构图的关键。

（7）完整。图案构图比一般绘画更注意构图的完整性。一方面是由于装饰的需要，另一方面是由于人们的欣赏习惯和几千年的艺术传统所决定。

**（二）装饰用纺织品的图案变化**

图案的变化，就是把写生的素材，提炼加工成图案形象。写生收集的自然形象，不能直接用于装饰，需要进行提炼、概括，集中美的特征，通过省略法、夸张法等艺术手法，创造出符合装饰目的又适合生产要求的图案形象，这一艺术加工过程，就是变化的过程。

图案变化是图案设计中的一个重要组成部分，也是图案设计的基本功。理想的图案变化是神形兼备，尽管从形式上看，它和实际不相同，但其物象的实质特征，却更为加强，形式变得更美。

**1. 图案变化的目的与要求**

图案变化的目的就是把现实生活中的各种形象，加工改造成能适应一定生产工艺、适应一定的制作材料、适应一定用途的图案。要求高于生活，以达到审美的要求，为广大群众喜闻乐见。

因为装饰用纺织品从设计到生产出产品，必须通过一定制作条件、材料等，故图案变化不能脱离实用和生产，这样才能达到良好的艺术效果。

在装饰用纺织品中应避免使用衰败、消极的物象，而要使用那些健康的形象来表现朝气蓬勃、生动活泼、前进向上等生命力强的物象，这就是图案变化的主流。写生是客观了解和熟悉对象的过程，而变化则渗入了主观因素，是对物象进行艺术加工的过程。

在写生与变化的阶段，达到艺术效果，关键是高于现实生活，进一步美化生活，要进行多方面的思考和丰富的想象，抓住对象美的特征，大胆运用省略和夸张等艺术手法，进行图案变化。

**2. 图案变化的方法**　图案变化的方法是多种多样的，根据不同的要求，有所侧重。

（1）省略法。抓住对象的主要部分，去掉烦琐的部分，使物象更加单纯、完整、典型化（图3-1-13）。如牡丹、菊花等都有丰富的花形，它们的花瓣较多，要全部如实地描绘出来，

图3-1-13　省略法

不但不必要，也不适合生产。因此，在设计中要加以取舍，删繁就简，也就是运用提炼的手法，去粗取精，正如民间所说的"写实如生、简便得体" "以少胜多"的"求省"方法。

（2）夸张法。夸张法是在省略的基础上，夸张主要对象的特征，突出对象的神态、形态。使表现的形象更加典型化，更具有代表性。"不求画面的逼真，只求形象的神似"，这种手法是图案变化中应用最广泛的，是用简练的手法表现丰富的内容。夸张要有意境，要有装饰性（图3-1-14）。

夸张常用的手法：大与小、多与少、曲与直、疏与密、粗与细等的对比。

（3）添加法。是将省略、夸张了的形象，根据设计要求，使之更丰富的手法，是一种先减后加的手法，但不是回到原来的形态，而是对原来形象的加工、提炼，使之更加美化，更有变化。如传统纹样中的花中套花、花中套叶、叶中套花。以添加法设计的图案如图3-1-15所示。

图3-1-14 夸张法

图3-1-15 添加法

（4）变形法。抓住物象的特征，根据设计的要求，进行人为的缩小、扩大、伸长、缩短、加粗、减细等多种多样的艺术处理，也可以用简单的点线面作概括的变形，如把花变成圆形、方形等（图3-1-16）。现代图案运用比较广泛，要根据不同对象的特征，采用不同的方法进行变化。

（5）巧合法。巧妙的组合方法，如传统图案中的太极图、三兔、三鱼等，运用对象特征选用其典型部分，按照图案的规律，恰当地组成一种新的图案形象（图3-1-17）。

图3-1-16 变形法

三 鱼

图3-1-17 巧合法

（6）寓意法。把一定的理想和美好的愿望，寓意于一定的形象之中，来表示对某事的赞颂与祝愿。这是民间图案常用的一种手法（图3-1-18）。

（7）求全法。求全法是一种理想化的手法，它不受客观自然的局限。把不同的空间或时间的事物组合在一起，成为一个完整的图案（图3-1-19）。

图3-1-18　寓意法

图3-1-19　求全法

（8）拟人法。以人的表情来刻画动物、植物或以人的活动来描写动、植物的活动。把动、植物的形象与人的性格特征联系起来，表现出人的表情、动态或情感。在文学作品中的神化、寓言、童话以及动画片中经常使用（图3-1-20）。

**3. 图案题材的变化**　写实形象虽有广泛的人民性，但它也有其局限性，很难形成强烈的典型形象。为了使形象更具有人民性，又具有强烈的个性，就需要对现实现象进行艺术处理——适当的变化。

图3-1-20　拟人法

（1）植物变化。种类繁多的植物，各具姿态，特点各异。在变形过程中，树叶的变化、外形的变化等是相当重要的。为加强某些特征，可以采用各种处理方法，还可以人为地加上一些环境等因素的影响，产生出充满生机和形式美的图案。

（2）花卉变化。种类不同的花卉，存在着不同的特点，但它们也有相同的地方，即它们都是由花、叶、梗和茎几部分组成。花卉图案的写生侧重于花、叶的姿态。在变化写生过程中，可以改变花冠的角度，改变花瓣与花瓣的排列方法，可以加减花瓣的数量以及改变其形状，甚至变化花蕊的结构和数量来加强形式美。

（3）动物变化。动物图案的塑造重点是体型、比例、动态和神态，其中动态和神态往往紧密相联。动物之间动态的差异往往能体现他们的特点，如松鼠的活泼、可爱；狗熊的粗笨、迟钝。动物的变化写生往往把某些主要特征加以夸张变化，改变强调动物特征部位和主要部位的比例，以塑造出形神兼备的动物写生图案。不同的动物，应根据各自特点，采取不同的处理方法，进行大胆地取舍、变化。

（4）风景变化。构图处理及意境的表现是风景图案的关键，风景图案的变化写生，可以参与其他艺术门类的风景构图法则，注意黑、白、灰的关系。整体块面的处理是风景变形写生的重点。

（5）人物变化。人物的变形较其他形象变形难，因为人除了有各种复杂的动态外，还有思想、感情等精神因素。人物的变形写生一般采取夸张、概括的手法，捕捉人物的形态和神态，适当夸大其动态，进行变形。另外，可以根据各种因素如动态、性格、服饰等，对整体或局部夸张变形。在此过程中，进行大胆的取舍，省略某些次要的部位，在变化中强化人物的本质特征。

### （三）装饰用纺织品图案的表现技法

装饰用纺织品图案的表现技法多种多样。构思成熟以后，需要运用各种艺术表现手法，通过绘画工具的描绘，将它具体地体现出来，使其成为可视的艺术形象。图案表现技法的表现力不尽相同，但技法的应用，一定要服从装饰用纺织品图案内容的需要，使图案设计达到形式和内容的统一，具有民族风格和时代特点。在技法应用中发挥各种绘画工具的性能特点，加强技法的艺术表现力，以获得较好的艺术效果。随着科学的进步和技术的革新，装饰用纺织品新材料、新工艺不断出现，装饰用纺织品图案的表现技法也不断地丰富和发展。

**1. 点的表现方法**　"点"是一切形态的基础，是描绘图案的基本方法之一，用点的疏密、轻重、虚实、大小的处理，可以获得不同的艺术效果。点的形状有细点、粗点、圆点、三角点、方点、米点、菱形点等不同形状的点。从点的组合来看，有规则的和不规则的两类。规则的点有统一的美，不规则的点有变化的美。点的绘制一般采用毛笔、绘图笔、海绵、泡沫等多种工具，表现出各种具有特殊形象的点，充分体现描绘的物象。根据图案内容，制作材料及工艺条件的需要进行处理。在艺术处理上，在同一画面，用同一类型的点，避免杂乱、平淡，使画面统一。表现明暗关系时，点由疏到密要均匀地逐步过渡，以表达出丰富、生动的装饰效果。

装饰用纺织品图案中点的应用很多，如窗帘、沙发布、床单面料等都有应用。在制作工艺中，机印、网印也要用点来表现图案形象，而且可以用点来作为图案底纹，起到陪衬主花的作用。一些装饰用纺织品也常用点的巧妙排列组成各种纹样。图案中点的运用如图 3-1-21 所示。

**2. 线的表现方法**　线是图案的主要表现技法之一。线有各种各样的形式，大体可分为两类：直线、曲线。直线可分为水平线、垂直线、斜线、折线、交叉线等；曲线可分为弧线、抛线、涡线、波纹线、瓦线和垂幛线等。

线的表现方法和点的表现方法基本相同，可描绘形体轮廓与结构，又可分隔块面，丰富层次，表现一定的明暗关系。常用的线有以下几种：均匀的线，它的粗细一致，起笔落笔不明显，表现它必须有一定的基本功，常用绘画笔描绘；均匀的线生动流利，具有规律的美；顿挫的线，这种线注意起笔落笔，有轻有重，笔力顿挫，

图 3-1-21　图案中点的运用

刚劲有力，富有动态感；抖动的线，描绘的线条产生自然形态的起伏、凹凸、粗细、波动的变化；虚实的线，线条有虚实的变化，描绘时常用干笔，产生"飞白"的效果；复合的线，为加强轮廓的视觉效果，往往采用两条以上的复合线。这种复合线可以粗细一致，也可以一粗一细的合理搭配。

装饰用纺织品图案中，线的应用很广泛，印花、织花中具象和抽象的装饰形象，常用线来表现，织物的边缘、贴花、绣花的图案外形常用线来装饰。我国古代艺人也常用金、银线来构嵌各种工艺品的图案，形成我国独特的民族艺术风格。图案中线的运用如图 3-1-22 所示。

图 3-1-22　图案中线的运用

**3. 面的表现方法**　面的表现方法也是图案的基本表现技法之一。图案中面的运用如图 3-1-23 所示。它主要是通过块面的外形来表现物象的形态。可大、可小、可规则、可不规则；可以用正视，也可以用侧视或俯视的形象来构成面的形状。因此，面的表现，主要是要掌握物象的特征。一般指平涂块面，用块面的大小和色块的对比来产生多种变化。描绘工具一般用毛笔、水粉笔，大面积块面用地纹笔。

图 3-1-23　图案中面的运用

装饰用纺织品图案设计中，面的应用很广泛。印花、织花、提花、针织品的装饰纹样，动物、人物、花卉、风景的形象等，都常用块面来表现；各种窗帘布、床单、地毯等常用不同的材料和不同的色块面来表现浓厚、大方、富有时代感的装饰美。

**4. 晕染的表现方法**　晕染，就是将各种颜色由深到浅，由浓到淡，渐次过渡地染出。它主要是采用色度渐变的手法，使图案花纹起伏明暗，层次清晰。晕染时要掌握花纹的结构和明暗关系，先在着色的形体上染一层水，或涂一层色，使其滋润，然后再在暗部涂上深色，用清水笔进行洗染，使颜色由深到浅逐渐变化，从而使物象产生立体感的效果。晕染具有柔和的美感，是装饰用纺织品图案设计中常用的一种表现技法。印花、织花、刺绣图案中都常用晕染的表现方法（图3-1-24）。

**5. 退晕的表现方法** 退晕是用颜色将纹样分成深浅不同的几个层次，由深到浅，一层一层地平涂后，分出不同色阶，用色彩的明度变化来表现效果。退晕可表现出色阶的节奏美。它可以从外向内不断加深，也可以从内向外逐渐变浅。各层晕带可以是等距的，也可以是逐渐加宽或缩小的，也可以是不规则的。在我国刺绣图案中，常采用退晕的针法，这种针法在传统上称为"抢针"。装饰用纺织品图案用这种方法表现，使图案更具有规律的节奏美，使色彩变化更有富丽感，以增强图案的装饰性。图案中退晕的运用如图3-1-25所示。

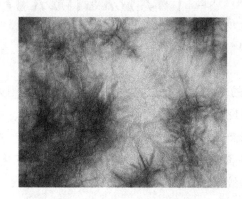

图3-1-24　图案中晕染的运用

图3-1-25　图案中退晕的运用

**6. 撇丝的表现方法** 撇丝是装饰织物图案设计常用的一种表现手法。它是用均匀、细致、密集的细线条，或顿挫、粗细、舒展的线条，刻画出物象的明暗、起伏等面、体关系，具有生动、自然的特色。这种方法多用于花卉图案，根据花瓣的结构和花脉的动势进行刻画，表现出渐虚的效果。线的方向和转折变化，应根据物象的生长规律来选择。用于撇丝的颜色不宜太稀，画笔稍蘸些少量的颜色即可，这样可使起笔处线条呈实线，而线条的尾梢呈虚线，产生变化的效果。颜色的水分要掌握适当，不宜太干，线条要流畅、生动，以取得较好的效果。撇丝时可以用一种颜色来表现，也可以用两种以上的颜色来表现，以丰富色彩的层次。但线条的动势要统一，协调而不散乱。图案中撇丝的运用如图3-1-26所示。

图3-1-26　图案中
撇丝的运用

**7. 干笔的表现方法** 干笔是一种简单而有表现力的手法，在画笔上涂以较少、较干的颜色，根据物象结构，巧妙运笔，笔不到意到，以形成层次浓淡、粗细、虚实的变化，使一套色起到多套色的效果。用笔要掌握好水分，不宜过多，也不宜过少。下笔要稳，动作要快，一笔成形。重复用笔就会使画面重叠模糊，体现不出干笔效果。在涂底色的面上用干笔画花纹会取得更好的效果。图案中干笔的运用如图3-1-27所示。

**8. 喷绘的表现方法** 喷绘是以气泵作动力，用专用的喷笔来表现形象。喷笔喷射出云雾状的点子，通过电子的疏密、虚实、大小等不同变化，表现出色彩的深浅、明暗、浓淡或花纹的远近、层次等效果，使纹样增强细腻、柔和、轻快的感觉。图案中喷绘的运用如图 3-1-28 所示。

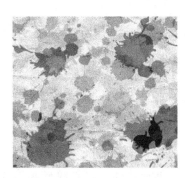

图 3-1-27　图案中干笔的运用　　　　图 3-1-28　图案中喷绘的运用

喷绘的方法：先按图案和颜色将需要喷绘的地方用纸板雕空，再用喷笔在雕空处喷绘。一种颜色需要一张雕空板，几套色就需要几张雕空板。喷好后，再进行色彩浓淡的调整、修饰。喷绘时要注意图案的结构、色调和明暗关系。亮面不宜多喷，应适当留白，喷局部要注意整体效果。喷绘方法可单独或与其他方法一同使用，力求达到画面丰富、生动的艺术效果。

**9. 综合表现方法** 装饰用纺织品图案设计，在描绘图案时同时采用两种或两种以上的表现方法，就称为综合表现方法。这种方法的应用，是为了充分表现客观形象的需要，也是为了更加丰富图案的艺术效果。例如，在绘制图案时，先用线条勾画出形象的轮廓，再用点、撇丝、喷绘表现出图形的明暗和层次关系；或者，先在花纹部位大致涂出色块，然后再描绘出花纹的轮廓线，并使色块和轮廓线产生一些变化，这样，就显得纹样更为生动、活泼，具有浪漫的艺术效果。窗帘布、床单布、服装面料等用织花加印花、点、线、面等方法综合运用，更显得工艺新、档次高，丰富多彩，具有现代感。

## 四、装饰用纺织品图案构成形式

**1. 装饰用纺织品图案花与地的布局** 从花部与地部的比例来看，装饰用纺织品图案布局分为清地布局、满地布局和混地布局。

清地布局是指花纹面积占整个图案面积 40% 以下，花清地明，如图 3-1-29 所示；满地布局是指花纹面积占整个图案面积 60% 以上，花多地少，丰富华丽，如图 3-1-30 所示；混地布局：花、地面积各占图案面积的一半左右。

**2. 装饰用纺织品图案布局形式** 图案纹样的组织形式，可分为单独纹样、适合纹样和连续纹样。

图 3-1-29　清地布局

图 3-1-30　满地布局

（1）单独纹样。单独纹样是指没有外轮廓及骨格限制，可单独处理、自由运用的一种装饰纹样。这种纹样的组织与周围其他纹样无直接联系，但要注意外形完整、结构严谨，避免松散零乱。单独纹样可以单独用作装饰，也可用作适合纹样和连续纹样的单位纹样。作为图案的最基本形式，单独纹样从布局上分为对称式和均衡式两种形式。

① 对称式。对称式又称均齐式，表现形式又分绝对对称和相对对称。绝对对称是指纹样关于对称轴或对称点形状、色彩完全相同，等形等量的组织形式。具有条理、平静、严肃、稳定的风格，力量感较强，如图3-1-31所示。相对对称是指纹样总体外轮廓呈对称状态，但局部存在形或量的不等之处的组织形式，具有动静结合、稳中求变的新鲜感，如图3-1-32所示。

图 3-1-31　绝对对称

图 3-1-32　相对对称

对称式纹样结构整齐，庄重大方，有静态感。但要注意纹样的布局和色彩变化，避免平淡呆板。对称式单独纹样可分为上下、左右、相对、相背、转换、交叉、多面、综合组织形式。

② 均衡式。均衡式单独纹样是依中轴线或中心点采取等量而不等形的纹样的组织方法，上下左右的纹样的组织不受任何制约，只要求空间与实体在分量上达到稳定平衡，如图 3-1-33 所示。均衡式单独纹样使人感到生动、新颖、变化丰富。均衡式单独纹样又可分为涡形、S 形、相对、相背、交叉、折线、重叠、综合等组织形式。这种图案主题突出、穿插自如、形象舒展优美、风格灵活多变、运动感强。

单独纹样应用范围很广，日常生活用品中到处可见，如商标、徽章、瓶贴、毛巾、手帕、台布、靠垫、杯盘碗碟、金属制品、玻璃器皿、建筑装饰材料等。

单独纹样是组成适合纹样、连续纹样的基础，其构图形式千变万化，丰富多彩。

（2）适合纹样。适合纹样是将图案素材经过加工变化，限制在一定形状的空间内，整体形象呈某种特定轮廓的一种装饰纹样。适合纹样外形完整，内部结构与外形巧妙结合。花纹组织必须具有适合性，故称为适合纹样。适合纹样要求纹样的变化既有物象的特征，又要穿插自然，构成独立的装饰美。

适合纹样可分为形体适合、角隅适合、边缘适合等。

① 形体适合。是适合纹样最基本的一种，它的外轮廓具有一定的形体，这种形体是根据装饰形体而定的（图 3-1-34）。我国古代的陶器、铜镜、漆器图案，具有许多形式美，是结构自然的形体适合纹样。

图 3-1-33　均衡式

图 3-1-34　形体适合

形体适合纹样的组织，可分直立式、辐射式（向心、离心、向心离心结合）、旋转式、重叠式、均衡式、综合式等形式。

从纹样的外形特征来看，可分为两大类，即几何形体和自然形体。几何形体有方形、圆形、多边形、综合形等。自然形体则有多种形式，如花形有葵花形、海棠花形、梅花形、月季花形；果形有桃形、葫芦形；文字形有喜字形、寿字形、福字形；器物形有钟形、扇形、花瓶形等。

② 角隅适合。角隅纹样是装饰在形体边缘转角部位的纹样，所以又叫角花。如图 3-1-35 所示，角隅纹样一般都根据客观对象的不同而有区别。有大于 90° 的，也有小于 90° 的，如梯形、菱形、正方形。根据具体情况而定，角隅纹样的基本骨架也分为对称式和均衡式

两种。

角隅纹样用途很广，如床单、被面、地毯、头巾、台布、枕套、建筑装饰等常用角隅纹样进行装饰。

③ 边缘适合。边缘适合纹样是适合形体周边的一种纹样。它一般是用来衬托中心纹样或配合角隅纹样，也可以成为一种独立的装饰纹样。如图3-1-36所示，边缘纹样和二方连续不同，二方连续是无限伸展的，而边缘纹样是受外形的限制。边缘纹样，如果是圆形的边缘，一般采用二方连续的组织形式，如果为方形或其他形式的边缘，则应注意转角部位的纹样结构，要穿插自然。

图3-1-35　角隅适合

图3-1-36　边缘适合

边缘纹样的基本骨架有对称式（角对称、边对称）、散点式、连续式、均衡式、角隅式等多种。

（3）连续纹样。连续纹样是根据条理与反复的组织规律，以单位纹样作重复排列，构成无限循环的图案。连续纹样中的单位纹样可以是单独纹样，也可以是适合纹样，或者是不具备独立性而一经连续后却会产生意想不到的完整又丰富的连续效果的纹样。连续纹样是用一个或几个单位纹样向上向下或左右连接，或向四方扩展的一种图案纹样。连续纹样的特点就在于它的延展性。连续纹样是单元纹样的连续组合，所以它具有一种规律的节奏美。

连续纹样的用途很广，它既可作装饰，也可作大面积的装饰花纹，并可作地纹。印染、色织、壁纸、图书封面等一般都采用连续纹样。

连续纹样，可分为二方连续和四方连续两大类。

① 二方连续。二方连续是指连续成为带状的一种纹样，因此也称带纹，或称花边。用一个或数个单独纹样向左右连续的，称为横式二方连续（图3-1-37）；向上下连续的称为纵式二方连续；斜向连续的称为斜式二方连续。

二方连续的特点，是具有节奏性。对这种纹样的基本单位，既要求纹样的完整，又要求连续之间的互相穿插，具有整体感。

二方连续的用途很广，也是深受群众喜爱的一种图案形式。在日常生活中，衣、食、住、行、用等各方面，到处都可以看到这种二方连续纹样。如建筑装饰、包装、日用器

图 3-1-37 二方连续

具、被面、床单、窗帘、地毯、台布、陶瓷以及报刊杂志封面题栏等，经常采用二方连续纹样图案作为主要装饰。

二方连续的骨架有以下几种，同一三角形组成的各种骨架，同一弧形组成的各种骨架，散点式、垂直式、水平式、倾斜式、波纹式、折线式等。

散点式：散点式二方连续，是用一个花纹或几个花纹组成一个单元，向左右或上下方向排列，这种骨架通常在花纹之间，故称散点式。散点式连续纹样要求灵巧、清晰并形成带状。

垂直式：垂直二方连续纹样有上下垂直或上下交替等排列形式，因为它们都是呈纵向排列，故称垂直式。

水平式：水平式二方连续与垂直式二方连续相同，只是它不呈纵向排列，而是水平状排列。有同向、异向等多种组织形式。垂直式和水平式都有稳定感和统一感。

倾斜式：倾斜式二方连续纹样，可以作各种角度的倾斜，可以向左向右互相交叉排列，有动感和活泼感。

波纹式：呈波纹状的曲线形式。该形式富于变化，美观大方。在传统图案中喜欢采用这种形式，如唐代石刻的卷草纹等。

折线式：折线式二方连续骨架与波纹式相反。波纹式是由曲线组成，而折线式是由直线组成，纹样多对向排列。

开光式：开光式二方连续是在带状纹样中间再饰以几何形的框架，例如圆形，内中安置主花，以突出主题，增强装饰效果。

一整二剖式：是用一个完整的纹样与其剖成两半的纹样交替排列，可以取得既统一又有变化的艺术效果。

重叠式：是用两种或两种以上的纹样错综叠合，进行排列，可增进纹样层次，产生复杂丰富的变化。

综合式：以上各种组织形式，可以单独使用，也可以综合使用。综合两种以上的方法可以得到丰富的艺术效果。

以上各种组织形式，除可作横式排列外，也可作竖式或斜式排列。

② 四方连续。四方连续是用一个单位纹样向上下左右四面延展的一种纹样，它循环

图 3-1-38　四方连续

反复，连续不断，又称为网纹。图 3-1-38 为四方连续纹样。

四方连续要求单位面积之间彼此联系、互相呼应。它既有生动多姿的单独花纹，又要有匀称协调的布局；要有反复单独的排列，又要有花纹的主次层次，且要生动活泼，不显得生硬呆板。还要注意大面积的整体效果。

四方连续在染织图案设计中用途最广，在其他工艺设计方面，如塑料布、瓷砖、地板砖、壁纸、印刷地纹等也常被采用。四方连续按其构成骨格可分为散点式、条纹式、连缀式、重叠式等。

散点式：散点式排列是四方连续的主要形式，它是由一个单位或两个以上单位纹样组成一个单位，向四方反复循环连续构成。在一个单位内纹样是散布的，各种纹样有各自不同的姿态、不同的大小、不同的方向。它们有规律地散布在一定范围内，散点排列分有规则的和不规则的两类。散点排列要做到既匀称又有变化，还要避免产生各种"路"（或称"档子"）的病疵。纹样上产生"路"的病疵就会影响整幅作品的外现，有的还会给生产带来困难。

条纹式：条纹式变化很多，常见的有直纹、横纹、斜纹、波纹以及宽窄交替等。这种条纹可形成规则的反复，具有节奏感。

连缀式：组织丰富，基本纹样相互连接或相互穿插，是四方连续常用的一种形式。有波形、菱形、阶梯、转换、卷折、分割等形式。

重叠式：由两种或两种以上的基本纹样重叠排列而成的一种四方连续纹样，其特点是主次分明、层次丰富。布满花纹循环的纹样称地纹，重叠于地纹之上的称浮纹。这种重叠纹样在设计上用得很广泛。

# 第二节　装饰用纺织品的色彩设计

## 一、装饰用纺织品色彩设计基础

### （一）色彩概念与色彩的三要素

**1. 色彩**　说到色彩，首先要说它与光的关系。没有光便没有色彩感觉，人们凭借光才能看见物体的形状和色彩，从而获得对客观世界的认识，在没有光线的情况下，就没有视觉活动，也就无所谓色彩了。

纺织品表面的色彩或是天然具有，或通过人工染色而获得。织物表面的色彩效果与面料材质、组织结构、选用的染料、染色工艺以及外界光源等有密切的关系。

目前，所用的颜料和染料，是根据各种物质对色光的吸收与反射能力不同而制成的。

它们都能反射太阳光中的某一色光，而吸收其他所有色光，从而形成某一色的固有色相。染料一般是有机化合物，大都能溶于水，或通过一定的化学剂处理，转变为可溶于水；染料还具有渗透性，比颜料纯净而具有一定的透明感。染料能和纤维发生物理或化学的结合，而染着在纤维上，使纤维染成具有一定染色牢度的颜色。颜料也是一种有色物质，它可以依靠黏着剂的作用，机械地附着在纤维材料的表面或内部。

在千变万化的色彩世界中，人们视觉感受到的色彩非常丰富，按种类分为原色、间色和复色，但就色彩的系别而言，则可分为无彩色系和有彩色系两大类。

有彩色系指包括在可见光谱中的全部色彩，它以红、橙、黄、绿、青、蓝、紫等为基本色。基本色之间不同量的混合、基本色与无彩色之间不同量的混合产生的千千万万种色彩都属于有彩色系。无彩色系指由黑色、白色及黑白两色相融而成的各种深浅不同的灰色系列。从物理学的角度看，它们不包括在可见光谱之中，故不能称作色彩。但是从视觉生理学和心理学上来说，它们具有完整的色彩性，应该包括在色彩体系之中。

**2. 色彩三要素**　彩色具有三个基本特性：色相、纯度（也称彩度、饱和度）、明度。在色彩学上也称为色彩的三大要素或色彩的三属性。

（1）色相。色相即每种色彩的相貌、名称，如红、橘红、翠绿、湖蓝、群青等。色相是区分色彩的主要依据，是色彩的最大特征。

色相差别是由光波波长的长短产生的。最初的基本色相：红、黄、蓝及红、橙、黄、绿、蓝、紫。

按照光谱顺序把色带的首尾相连，以环形排列，即构成环形的色相关系，称为色相环。色相环如图3-2-1所示。

（2）明度。明度是指色彩感觉的明亮程度，是由色彩光波的振幅决定的，也称光度、深浅度。

色彩明度的形成有三种情况，同一色相因光源的强弱变化而产生的明度变化；同一色相因加上不同比例的黑、白、灰而产生的明度变化；不同色相之间的明度不同。

无彩色中，白色明度最高，黑色明度最低。无彩色中，最高明度是白色，最低明度是黑色。有彩色中，最明亮的是黄色，最暗的是紫色，黄色处于可见光谱的中心位置，视觉度高，色明度就显高；紫色位于可见光谱的边缘，振幅虽宽，但波长极短，视觉度低，故显很暗。黄色、紫色成为划分明、暗的中轴线。

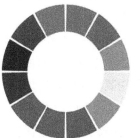

图3-2-1　色相环

（3）纯度。纯度指含有色的多少程度。如大红彩度高于粉红、暗色。一个纯色加白色后所得的明色，与加黑色后所得的暗色，都称为清色；在一个纯色中，如果同时加入白色和黑色所得到的灰色，称作浊色。浊色与清色相比，明度上可以一样，但纯度上浊色比清色要低，这是纯度区别于明度的因素之一。纯度变化的色，可以通过三原色互混产生，也可用某一纯色直接加白、黑或灰产生，另外，还可以通过补色相混产生。色相的纯度、明度不一定成正比关系，纯度高不等于明度高，而是呈现特定的明度。

**（二）色彩的混合**

用两种色或几种色互相混合，称为色的混合。

**1. 原色混合**　原色是指这三种色中的任何一色都不能由另外两种原色混合产生，而其他色可由这三色按一定的比例混合出来。

色光的三原色是红、绿、蓝紫，相加为白光。颜料的三原色为红、黄、蓝三色，三色相加为黑浊色。色光的三原色混合如图3-2-2所示。

间色（补色）又叫第二次色，三原色中任何两原色相加即成，如：红+黄=橙，黄+蓝=绿，蓝+红=紫。复色又称再间色、第三次色，是由两个间色或一个原色加黑浊色而成。如：橙+绿=黄灰，橙+紫=红灰，绿+紫=蓝灰。颜料的三原色混合如图3-2-3所示。

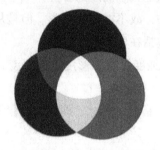 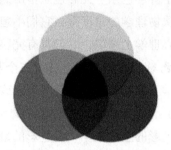

图3-2-2　色光的三原色混合　　　　　　　图3-2-3　颜料的三原色混合

**2. 加色法混合**　加色法混合就是色光的混合，即那些发光的、非物质性色彩的混合。特点是混合的色彩成分越增加，混出的色彩明度越高。混合结果是色相、明度的改变，而纯度不变。

**3. 减色法混合**　减色法混合是各种颜料或各种染料的混合。参加混合的颜料种类越多，白光被减去的吸收光也越多，相应的反射光就越少，最后呈近似黑灰的色彩。混合结果是颜料在混合后色彩的明度、纯度都降低，色相也发生变化。

**4. 空间混合**　空间混合（图3-2-4）是将不同的颜色并置在一起，当它们在视网膜上的投影小到一定程度时，这些不同的颜色刺激就会同时作用到视网膜上非常邻近的部位的感光细胞，以致眼睛很难将它们独立地分辨出来，就会在视觉中产生色彩的混合，这种混合称空间混合，又称并置混合。这种混合与加色混合和减色混合的不同点在于其颜色本身并没有真正混合（加色混合与减色混合都是在色彩先完成混合以后，再由眼睛看到），但它必须借助一定的空间距离来完成。

**（三）色彩的表示方法**

为了认识、研究与应用色彩，人们将千变万化的色彩按照它们各自的特性，按一定的规律和顺序排列，并加以命名，称作色彩的体系。色彩体系的建立，对于研究色彩的标准化、

图3-2-4　空间混合

科学化、系统化以及实际应用都具有重要价值，它可使人们更清楚、更标准地理解色彩，更确切地把握色彩的分类和组织。具体地说，色彩的体系就是将色彩按照三属性，有秩序地进行整理、分类而组成有系统的色彩体系。这种系统的体系如果借助于三维空间形式，来同时体现色彩的明度、色相、纯度之间的关系，则被称作"色立体"。比较通用的色立体有孟塞尔色立体和奥斯特瓦德色立体。

**1. 孟塞尔色立体**　孟塞尔色立体是由美国教育家、色彩学家、美术家孟塞尔创立的色彩表示法。他的表示法是以色彩的三要素为基础。它是一个三维类似球体的空间模型，把物体各种表面色的三种基本属性（色相、明度、饱和度）全部表示出来。以颜色的视觉特性来制定颜色分类和标定系统，以按目视色彩感觉等间隔的方式，把各种表面色的特征表示出来。

中央轴代表色彩的明度，颜色越靠近上方，明度越大；垂直于中央轴的圆平面周向代表颜色的色相；在垂直于中央轴的圆平面上，距离中央轴越近的颜色彩度越小，反之越大。

孟塞尔色立体色样是水平剖面上表示10种基本色。即红、黄、绿、蓝、紫和5种间色：黄红、绿黄、蓝绿、紫蓝、红紫。在上述10种主要色的基础上再细分为40种颜色。图3-2-5为孟塞尔色立体，图3-2-6为孟塞尔色立体色样。

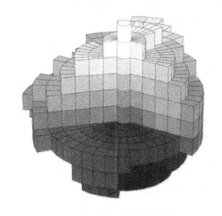

图 3-2-5　孟塞尔色立体

图 3-2-6　孟塞尔色立体色样

任何颜色都可以用颜色立体上的色相、明度值和彩度这三项坐标来标定，并给一标号。标定的方法是先写出色相 H，再写明度值 V，在斜线后写彩度 C。

$$HV/C = 色相明度值/彩度$$

例如，标号为10Y8/12的颜色：它的色相是黄（Y）与绿黄（GY）的中间色，明度值是8，彩度是12。

3YR6/5标号表示：色相在红（R）与黄红（YR）之间，偏黄红，明度是6，彩度是5。

对于非彩色的黑白系列（中性色）用 N 表示，在 N 后标明度值 V，斜线后面不写彩度。

$$NV/ = 中性色明度值/$$

例如，标号 N5/ 的意义：明度值是 5 的灰色。

**2. 奥斯特瓦德色立体** 图 3-2-7 为奥斯特瓦德颜色立体。奥斯特瓦德色立体是由德国科学家、色彩学家奥斯特瓦德创造的。奥斯特瓦德色立体的色相环，是以赫林的生理四原色黄、蓝、红（Red）、绿为基础，将四色分别放在圆周的四个等分点上，成为两组补色对。然后再在两色中间依次增加橙、蓝绿、紫、黄绿四色相，总共 8 色相，然后每一色相再分为三色相，成为 24 色相的色相环。色相顺序顺时针为黄、橙、红、紫、蓝、蓝绿、绿、黄绿。取色相环上相对的两色在回旋板上回旋成为灰色，所以相对的两色为互补色。并把 24 色相的同色相三角形按色环的顺序排列成为一个复圆锥体，就是奥斯特瓦德色立体。

图 3-2-7 奥斯特瓦德颜色立体

奥斯特瓦德色块的含量是由纯色与适量的白黑混合而成，其关系为：

$$白量 W + 黑量 B + 纯色量 C = 100$$

白和黑的量是根据光的等比级数增减，以眼睛可以感到的等差级数增减决定。光的等比级数分为 8 个梯级，附以 a、c、e、g、i、l、n、p 的记号（表 3-2-1）。

表 3-2-1 奥斯特瓦德的白黑量

| 记号 | a | c | e | g | i | l | n | p |
|---|---|---|---|---|---|---|---|---|
| 白量 | 89 | 56 | 35 | 22 | 14 | 8.9 | 5.6 | 3.5 |
| 黑量 | 11 | 44 | 65 | 78 | 86 | 91.9 | 94.4 | 96.5 |

奥斯特瓦德色标：颜色系统共包括 24 个等色相三角形。每个三角形共分为 28 个菱形，每个菱形都附以记号，用来表示该色标所含白与黑的量（图 3-2-8）。

例如：某纯色色标为 nc，n 是含白量 5.6%，c 是含黑量 44%，则其中所包含的纯色量为：

$$100\% - (5.6 + 44)\% = 50.4\%$$

再如：纯色色标为 pa，p 含白量为 3.5%，a 含黑量 11%，所以含纯色量为：

$$100\% - (3.5 + 11)\% = 85.5\%$$

这样做成的 24 个等色相三色形，以消色轴为中心，回转三角形时成为一个圆锥体，也就是奥斯特瓦德颜色立体。

## 二、装饰用纺织品色彩设计原理

### （一）色彩的情感

**1. 色彩的兴奋与沉静感** 影响色彩的兴奋与沉静感最明显的是色相，红、橙、黄等鲜艳而明亮的色彩给人以兴奋感，蓝、蓝绿、蓝紫等色使人感到沉着、平静。绿和紫为中

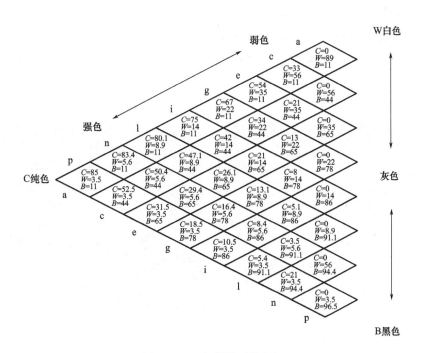

图 3-2-8　奥斯特瓦德色标

性色，没有这种感觉。

　　纯度的关系也很大，高纯度色给人以兴奋感，低纯度色给人以沉静感。高明度、高纯度的色彩呈兴奋感，低明度、低纯度的色彩呈沉静感。

　　兴奋感装饰用纺织品的色彩如图 3-2-9 所示，沉静感装饰用纺织品的色彩如图 3-2-10所示。

图 3-2-9　色彩的兴奋感

图 3-2-10　色彩的沉静感

　　**2. 色彩的冷、暖感**　色彩本身并无冷暖的温度差别，是视觉色彩引起人们对冷暖感觉的心理联想。

　　暖色：人们见到红、红橙、橙、黄橙、红紫等色后，马上联想到太阳、火焰、热血等物像，产生温暖、热烈、危险等感觉。冷色：见到蓝、蓝紫、蓝绿等色后，则很易联想到太空、冰雪、海洋等物像，产生寒冷、理智、平静等感觉。

暖色装饰用纺织品的色彩如图 3-2-11 所示，冷色装饰用纺织品的色彩如图 3-2-12所示。

图 3-2-11　暖色

图 3-2-12　冷色

**3. 色彩的轻、重感**　色彩的轻、重感主要与色彩的明度有关。明度高的色彩使人联想到蓝天、白云、彩霞及许多花卉还有棉花、羊毛等。产生轻柔、飘浮、上升、敏捷、灵活等感觉。明度低的色彩易使人联想钢铁、大理石等物品，产生沉重、稳定、降落等感觉。

暗色给人以重的感觉，明色给人以轻的感觉。明度较高的色彩，纯度居中的色彩和色性偏冷的色彩，给人的感觉是较轻的。相反，明度低的色彩，纯度极高或极低的色彩和色性偏暖的色彩，给人以重的感觉。

轻感装饰用纺织品的色彩如图 3-2-13 所示，重感装饰用纺织品的色彩如图 3-2-14所示。

图 3-2-13　色彩的轻感

图 3-2-14　色彩的重感

**4. 色彩的大、小感**　由于色彩有前后的感觉，因而暖色、高明度色等有扩大、膨胀感；冷色、低明度色等有显小、收缩感。

红色系中像粉红色这种明度高的颜色为膨胀色，可以将物体放大。如图3-2-15所示。而冷色系中明度较低的颜色为收缩色，可以将物体缩小。像藏青色这种明度低的颜色就是收缩色，因而藏青色的物体看起来就比实际小一些。明度为零的黑色更是收缩色的代表（图3-2-16）。

　　　　图3-2-15　色彩的膨胀感　　　　　　　　　图3-2-16　色彩的收缩感

**5. 色彩的华丽、质朴感**　色彩的三要素对华丽及质朴感都有影响，其中纯度关系最大。明度高、纯度高的色彩，丰富、强对比色彩感觉华丽、辉煌（图3-2-17）。明度低、纯度低的色彩，单纯、弱对比的色彩感觉质朴、古雅（图3-2-18）。但无论何种色彩，如果带上光泽，都能获得华丽的效果。

　　　　图3-2-17　色彩的华丽感　　　　　　　　　图3-2-18　色彩的质朴感

**6. 色彩的活泼、阴郁感**　活泼明朗的色彩必然是明度高、明度对比较强的色彩，以及纯度偏纯且色性偏暖的色彩（图3-2-19）。阴郁的色彩则是明度低、明度对比较弱的色彩，以及纯度偏低且色性偏冷的色彩（图3-2-20）。

图 3-2-19　色彩的活泼感

图 3-2-20　色彩的阴郁感

**7.色彩的软、硬感**　色彩的软、硬感主要来自色彩的明度，但与纯度亦有一定的关系。明度越高感觉越软，明度越低则感觉越硬，但黑白两色的软硬感并不明确。

明度高、纯度低的色彩有软感，中纯度的色也呈柔感，因为它们易使人联想起骆驼、狐狸、猫、狗等好多动物的皮毛，还有毛呢、绒织物等（图3-2-21）。高纯度和低纯度的色彩都呈硬感，若明度又低则硬感更明显（图3-2-22）。

图 3-2-21　色彩的软感

图 3-2-22　色彩的硬感

色相与色彩的软、硬感几乎无关。明度不高不低，且对比较弱的色彩，纯度较低的色彩和色性偏暖的颜色，具有皮毛、棉线感，属于柔软色。

明度极高和极低，且对比强烈的色彩，纯度极高的色彩和色性偏冷的色彩，具有金属感，属于感觉坚硬的色彩。

**（二）色彩的对比**

人眼同时受到不同色彩刺激时，色彩感觉发生互相排斥的现象，称作同时对比。在同时对比情况下，相邻的色改变原来的性质感觉，并向对应的方面发展。连续对比指观察一种色彩后，接着又看另一种色彩，使第二种色发生视觉效果的改变。连续对比与同时对比的不同之处是，只对第二种色彩发生单方面的视觉变化。

对比意味着色彩的差别，差别越大，对比越强，相反就越弱。所以在色彩关系上，有强对比与弱对比的区分。如红与绿、蓝与橙、黄与紫三组补色，是最强的对比色。在他们之中，逐步调入等量的白色，就会在提高其明度的同时，减弱其纯度，成为带粉的红绿、黄紫、橙蓝，形成弱对比。如加入等量的黑色，就会减弱其明度和纯度，形成弱对比。在对比中，减弱一个色的纯度或明度，使它失去原来色相的个性，两色对比程度会减弱，以至趋于调和状态。

**1. 色相的对比**　色相环上任何两种颜色或多种颜色并置在一起时，在比较中呈现色相的差异，从而形成对比现象，称作色相对比。强色相对比的装饰用纺织品效果如图3-2-23所示。

根据色相对比的强弱可分为：同一色相对比在色相环上的色相距离角度是0°；邻近色相在色相环上相距15°~30°；类似色相对比在60°以内；中差色相对比在90°以内；对比色是120°以内；补色相对比在180°以内；全彩色对比范围包括360°色相环（包括明度、纯度、冷暖）。

**2. 明度对比**　明度对比是色彩的明暗程度的对比，也称色彩的黑白度对比。明度对比是色彩构成的最重要因素，色彩的层次与空间关系主要依靠色彩的明度对比来表现。只有色相的对比而无明度对

图3-2-23　强色相的对比

比，图案的轮廓形状难以辨认，只有纯度的对比而无明度的对比，图案的轮廓形状更难辨认，如图3-2-24所示。

图3-2-24　色彩的明度对比

图3-2-25　色彩的纯度对比

**3. 纯度对比**　因为纯度差异而产生的对比称为纯度对比。彩度是色相的彩度，人们的眼睛在感觉不同色相时，所能区分的彩度是不同的。高彩度（纯度）的色相明确、鲜

艳、纯净，低纯度的色相含蓄、柔和（图3-2-25）。

**4. 冷暖对比** 指暖色系列和冷色系列两种不同色性系列在配色中的对比关系。但在实际的配色中，这种冷暖对比的关系有时是明确的，有时只是同种色在彩度上的差异或同类色在色彩倾向性上的微妙差异。把握冷暖对比的分寸对准确传达信息主题有不可忽视的重要性（图3-2-26）。

图3-2-26　色彩的冷暖对比

**5. 面积对比** 色彩的面积对比是指各色相间在搭配时的大小、主宾对比关系。在配色时，为了求得图案的主色调，常用面积大的色彩或色彩组合来起作用，起到统帅主调的效果，这种以色彩为主的配色就是面积对比的方法。色彩的面积对比如图3-2-27所示。同面积不同色彩的对比：对同面积的黄色和紫色来说，其色彩重量感、进退感是有很大差异的，黄色显轻，有前进感；而紫色显重，有后退感。

图3-2-27　色彩的面积对比

**（三）色彩的调和**

色彩调和与色彩对比是互为依存的矛盾的两个方面，色彩对比是绝对的，色彩对比要以色彩调和为目的。色彩调和是色彩对比关系处在一种特殊的表现形式的状态。色彩对比增强则会降低色彩调和，色彩对比减弱则会加强色彩调和。如何建立合理的色彩调和？有两种方法：一种方法是在统一中求变化，称为统一性调和；另一种方法是在变化中求统一，称为对比性调和。

**1. 统一性调和** 统一性调和分为同一调和和类似调和两种。

（1）同一调和。同一调和指的是在三属性中保持一种属性相同，变化其余属性而达到的调和效果。包括同明度调和、同色相调和和同彩度调和。

　　① 同色相调和。在同色相关系中变化明度、彩度。如：深红与分红，虽然明度有差别，但它们出自同一母体，很容易调和，如图 3-2-28（a）所示。

　　② 同明度调和。同明度关系下有纯与不纯的彩度变化、不同色相的变化。如：红与蓝的对比（明度值都为 4）、红与灰红的对比（色立体中每一横向线上的关系），如图 3-2-28（b）所示。

　　③ 同彩度调和。在同彩度关系中变化明度、色相。相当于色立体中每一垂直线上的等彩度关系，如图 3-2-28（c）所示。

(a) 色相相同　　　　　　　　(b) 明度相同　　　　　　　　(c) 纯度相同

图 3-2-28　同一调和

　　（2）类似调和。类似调和就是色彩性质的近似，是指有差别的、对比的以至不协调的色彩关系，经过调配整理、组合、安排，使画面中产生整体的和谐、稳定和统一。获得调和的基本方法，主要是减弱色彩诸要素的对比强度，使色彩关系趋向近似，而产生调和效果。

　　类似调和是类似要素的组合。与同一调和相比，它具有稍多的变化，但并没脱离以统一为主的配色原则。它包括三个方面的调和。

　　① 类似色相的调和。这种调和其实是以色相来决定效果，用明度、彩度关系辅助搭配更为协调的色彩效果，如红色的低中调、黄色的高中调等，如图 3-2-29（a）所示。

(a) 类似色相　　　　　　　　(b) 类似明度　　　　　　　　(c) 类似彩度

图 3-2-29　类似调和

② 类似明度的调和。此种调和变化范围较广。在类似明度的调子中可适当选择有对比的色彩或补色色相来丰富画面效果，但要避免过强的色相变化与明度变化相冲突，如图 3-2-29（b）所示。

③ 类似彩度的调和。这种调和主要是突出彩度变化，其明度、色相关系要尽可能减弱。此类配色效果优美、雅致、柔和，如图 3-2-29（c）所示。

**2. 对比性调和** 这是一种广义上的、适应范围更大的一种配色方法，它完全基于变化的基础之上，属于异质要素的组合。此色彩效果强烈，富于变化，活泼、生动，但调和的难度也大。如图 3-2-30 所示，对比性调和的关键是要赋予变化一定的秩序，使之统一起来。因此，在对比性调和中，秩序调和可说是一个很主要的内容。另外还有统调调和和失去平衡的调和等。

图 3-2-30　色彩的对比性调和

（1）秩序调和。秩序调和的关键在于整体与部分之间是否有共同的因素。其手法有三种：赋予节奏序列、赋予同质要素和几何形秩序的调和。

① 赋予节奏序列。无论是色相、明度还是彩度，只要使画面上的色彩成为渐变系列，如等差或等比，肯定是和谐的。另外，在强烈的色彩对比中，也可进行面积变化，形成有节奏序列的调和效果。

② 赋予同质要素。将对比的两色（或几色）同时混入或带入第三色，使双方同时都具有相同因素，成为中间系列，使之调和起来。或将对比的两色按照一种均衡的规律，把各自的成分放置在对方色中进行对比，或者双方色彩按一定量互相混入对方的成分，都可因增添了同质要素而得以调和。

③ 几何形秩序的调和。主要指依色相环上的位置变化来确定的调和效果。它包括：三色调和、四色调和和多色调和。

（2）统调调和。这种调和强调的是色调的作用，其色调的色系统主要指色相。

（3）失去平衡的调和。这种调和往往是反规律的，无统一因素，或是夸张的，目的是寻求心理的一种震动。其配色效果很富有特殊性、个性，并能在短时间内给人留下极为深刻的印象。

## 三、装饰用纺织品图案的配色方法

### （一）配色原则

色彩中单种色仅仅是一项光学值，它如同语言文字一样，本身并没有善、恶，也无所谓美、丑。只有当两种或两种以上的颜色组合在一起时，才会出现好的或不好的效果。也就是说，色彩的美感是在色彩关系的基础上表现出的一种总体感觉，美与丑的关键在于它和什么色放在一起，在于"关系恰到好处"。

秩序配色原则：指变化中的统一因素，用来研究部分与整体的内在联系。也就是说，整体和部分之间必须有共同的因素，才能叫秩序。整体是一个统一的、可以独立品味的形态，它是由几个部分构成的；部分是某个整体的结构单位。

**（二）装饰用纺织品图案配色基本方法**

**1. 无色设计**　不用彩色，只用黑、白、灰色进行搭配，有点像素描效果。

**2. 类比设计**　在色相环上任选三个连续的色彩，或其中任一色彩的明色和暗色进行相互搭配，有的地方也叫同类色设计。

**3. 互补设计**　使用色相环上全然相反的颜色，是对比色设计的一种。

**4. 冲突设计**　把一种颜色和其补色左边或右边的色彩配合起来，也是对比色的一种。

**5. 单色设计**　把一种颜色和任一种或它所有的明、暗色配合起来，有的地方也叫单纯色设计。

**6. 纯色设计**　把纯原色红、黄、蓝结合起来。

**7. 中性设计**　在一种颜色中加入它的补色或黑色，使其色彩消失或中性化。

**8. 二次色设计**　把二次色，如绿、紫、橙色结合起来。

**9. 三次色设计**　三次色设计是下面两个组合中的一个：红橙、黄绿、蓝紫色，或是蓝绿、黄橙、红紫色，并且在色相环上每个颜色彼此都有相等的距离。

**（三）装饰用纺织品图案色彩设计应遵循的色彩规律**

**1. 基调与辅调**

（1）基调。装饰用纺织品色彩的基调是指室内界面、家具、陈设中面积最大、感染力最强的色彩。

（2）辅调。辅调是指与主调相呼应的，起点缀、平衡色彩作用的小面积色彩。

（3）基调、辅调的形式。按色彩规律可将室内色彩的基调、辅调分三种形式来处理。

① 以色彩明度处理。以明调为基调，暗调为辅调。

② 以色彩纯度处理。以灰调为基调，暗调为辅调。

③ 以色相的冷暖处理。冷暖两色调互为基调或辅调均可。

**2. 稳定与平衡**

（1）稳定。室内装饰用纺织品的界面设计中，应遵循上轻下重的色彩稳定性原则。一般情况下，顶棚、墙面、地面的色彩应该是由浅到深的变化规律，但也有个别为达到特殊目的而反向应用。

（2）平衡。色彩的平衡性要求色彩设计中要浅中有深、深中有浅。

**3. 节奏与韵律**　装饰用纺织品的色彩设计要考虑色彩的韵律性和节奏感，使色彩变化有规律。

**4. 统一与变化**　装饰用纺织品色彩的总体气氛要遵循统一中有变化的原则。室内色彩只有统一而无变化就会产生单调和沉闷感，只有变化而不统一就会杂乱无章。

### 四、装饰织物图案配色步骤

**1. 确定色彩主基调**　在方案构思阶段应该完成确定色调的工作。方案构思包括了对建筑平面、造型及空间现状的了解，确定室内装饰用纺织品装饰设计的风格，完善室内功能的布局，大致选择材料的方案，确定室内气氛的主基调等。

色彩主基调的确定主要根据室内设计的风格及要表达的室内空间气氛来决定。

**2. 色彩选择步骤**

（1）确定各部分的色相，再确定各部分之间的明度关系。色彩不宜过深，以免整个空间色彩明度过低。

（2）设计室内陈设的色彩。

（3）对室内色彩进行整体的修改完善，确定最后效果。

## 思 考 题

1. 请介绍装饰用纺织品图案设计的特点。

2. 请介绍装饰用纺织品图案设计的法则。

3. 装饰用纺织品图案设计中，如何进行图案的变化（造型）？

4. 装饰用纺织品图案的表现技法有哪些？

5. 什么是色彩的情感？举例说明。

6. 什么是色彩的对比？各有什么特点？

7. 简述装饰用纺织品图案配色基本方法。

## 参考文献

[1] 武梅.图案设计基础 [M].北京：中国纺织出版社，1998.

[2] 回顾.花卉图案设计 [M].沈阳：辽宁美术出版社，1999.

[3] 荆妙蕾.纺织品色彩设计 [M].北京：中国纺织出版社，2004.

[4] 张宇泓，苏凯，姚穆.产品色彩设计 [M].长春：吉林美术出版社，2014.

# 第四章　装饰用纺织品及其应用

**·本章知识点·**

1. 地面铺设类纺织品的分类、功能及性能要求、图案与色彩。
2. 挂帷遮饰类纺织品的分类、功能及性能要求、图案与色彩。
3. 床上用品类纺织品的分类、功能及性能要求、图案与色彩。
4. 家具覆饰类纺织品的分类、功能及性能要求、图案与色彩。
5. 卫生餐厨类纺织品的分类、功能及性能要求、新产品开发。
6. 墙面贴饰类纺织品的分类、功能及性能要求、新产品开发。

装饰用纺织品按照用途分类，主要包括地毯、窗帘、床上用品、墙布、台布、沙发及靠垫等。这类纺织品的色彩、质地、柔软性及弹性等均会对室内的质感、色彩及整体装饰效果产生直接影响。合理选用装饰用纺织品，既能使室内呈现豪华气派，又给人以柔软舒适的感觉。此外，还具有保温、隔声、防潮、防蛀、易清洗和熨烫等特点。

装饰用纺织品是依其使用环境与用途的不同进行分类的。下面分别从地面铺设、挂帷遮饰、床上用品、家具覆饰、卫生餐厨用品和墙面贴饰六个部分介绍装饰用纺织品的应用。

## 第一节　地面铺设类纺织品

地面铺设类装饰用纺织品的主要产品为地毯。

### 一、地毯概述

公元前4世纪，古代埃及、巴比伦王国的雕刻上，已有反映平纹编织类的地毯。北美洲印第安人部落中仍保留有手工编织平纹类的地毯，上面大多为抽象几何图案。中国地毯，已有2000多年的历史。地毯是我国著名的传统手工艺品。它始于西北高原牧区，当地少数民族为了适应游牧生活的需要，利用当地丰富的羊毛捻纱，织出绚丽多彩的跪垫、壁毯和地毯。由于维、蒙、藏各族人民的共同创造，并通过丝绸之路与中东各国互相交流，逐渐形成了卓越的古代中国地毯艺术。近代中国的丝线栽绒地毯在国际市场上崭露头角，并引进西方国家的机织化纤地毯，在国内外市场上形成了一定的规模。

#### （一）地毯的定义

地毯，是以棉、麻、毛、丝、草等天然纤维或化学合成纤维类为原料，经手工或机械工艺进行编结、栽绒或纺织而成的地面铺敷物。它是世界范围内具有悠久历史的传统工艺美术品类之一。覆盖于住宅、宾馆、体育馆、展览厅、车辆、船舶、飞机等的地面，有减少噪声、隔热和装饰效果。

**（二）地毯的基本特征**

地毯具有质地柔软、脚感舒适、使用安全的特点，且弹性好，耐脏、不怕踩、不褪色、不变形。特别是具有储尘的能力，当灰尘落到地毯之后，就不再飞扬，因而它又可以净化室内空气，美化室内环境。

地毯有不同的材料及样式，却都有着良好的吸音、隔音、防潮的作用。居住楼房的家庭铺上地毯之后，可以减轻楼上楼下的噪声干扰。地毯还有防寒、保温的作用，特别适宜风湿病人的居室使用。

**（三）地毯的分类**

按纤维种类、绒面结构和制造方法分类。

**1. 按绒纱使用的纤维原料来分类**  地毯的构造主要是用动物毛、植物麻、合成纤维等为原料，经过编织、裁剪等加工过程制造的一种高档地面装饰材料。地毯主要有天然纤维地毯和化学纤维地毯两大类。

（1）天然纤维地毯。天然纤维地毯包括羊毛地毯、丝毯和麻地毯。

① 羊毛地毯。羊毛地毯多采用羊毛为主要原料制作。其毛质细密，具有天然的弹性，受压后能很快恢复原状；采用天然纤维，不带静电，不易吸尘土，还具有天然的阻燃性。纯毛地毯图案精美，色泽典雅，不易老化、褪色，具有吸音、保暖、脚感舒适等特点。羊毛地毯如图 4-1-1 所示。

图 4-1-1　羊毛地毯

机织羊毛地毯根据绒纱内羊毛含量的不同又可分为以下四种。

a. 纯羊毛地毯：羊毛含量≥95%。

优点：高档、弹性好、柔软、保暖、脚感舒适、风格高雅。

缺点：耐久性差、有游离的绒毛、易霉变和虫蛀。

b. 羊毛地毯：80%≤羊毛含量<95%。

c. 羊毛混纺地毯：20%≤羊毛含量<80%。

d. 混纺地毯：羊毛含量<20%。

② 丝毯。丝毯指的是真丝地毯，以桑蚕丝线、柞蚕丝线栽绒绾结编织而成的手工栽绒地毯。如图4-1-2所示为新疆丝毯。

优点：光泽柔和、手感滑爽、风格雅致。具有富丽华美的艺术效果，是高级的装饰工艺品和收藏珍品。质地顺滑，适合于多种季节使用，即便是炎炎夏日，其清凉的脚感亦能消散酷暑，愉悦心情。

缺点：回弹性差、保暖性差。生产数量少，价格昂贵。

③ 麻地毯。麻地毯指的是以麻纤维如苎麻、亚麻、黄麻、剑麻等为原料织制的地毯。如图4-1-3所示为黄麻地毯。

优点：价低、耐磨、牢固。

缺点：柔软、保暖、回弹性差。

图 4-1-2　新疆丝毯

图 4-1-3　黄麻地毯

（2）化学纤维地毯。以各种化学合成纤维（丙纶、腈纶、锦纶、涤纶等）为原料，经过机织法或簇绒法等加工成面层织物后，再与麻布背衬材料复合处理而成。按所用的化学纤维不同，分为锦纶化纤地毯、腈纶化纤地毯、涤纶化纤地毯、丙纶化纤地毯、黏胶化学地毯等。图4-1-4所示为化纤地毯。

① 锦纶地毯。优点是弹性回复率高、耐久、耐磨、无游离绒毛。缺点是有静电、柔软性差。

② 腈纶地毯。优点是柔软、蓬松、毛型感强、保暖、染色性好、耐光、价低。缺点是回弹性差、易磨损、有游离绒毛、有静电。

图 4-1-4　化纤地毯

③ 涤纶地毯。优点是耐磨、耐光、耐热、弹性回复率高、抗压性好。缺点是有静电、柔软性差、染色性差、抗污性差。

④ 丙纶地毯。优点是价低、重量轻、强度高、耐磨、抗静电。缺点是回弹性差、染色性差、色牢度低。

⑤ 黏胶地毯。弹性、耐久性、手感均差。

**2. 按制造方法来分类** 地毯因制造方法不同可分为手工地毯、机织地毯、簇绒地毯和非织造地毯。

（1）手工地毯。手工织造地毯是自古以来就使用的方法，波斯地毯就属于此类。这种地毯做工精细、图案优美、毯面丰满。中国手工地毯历史悠久，其特点是毛长、整齐、细密，有精美的花纹图案。手工地毯弹性、耐磨损性、耐气候性俱优，使用寿命长，且越使用，性能越好。

（2）机织地毯。生产效率高，外观质感等方面都不如手工地毯，但价格较低。机织地毯主要有两种：威尔顿机织地毯和阿克斯明特机织地毯。

① 威尔顿机织地毯。威尔顿机织地毯是最早的机织地毯，该地毯是通过经纱、纬纱、绒头纱三纱交织，后经上胶、剪绒等后道工序整理而成，毛绒经纬交错，耐久性好、织造细密、牢固、厚实；由于该地毯工艺源于英国的威尔顿地区，因此称为威尔顿地毯。此织机所织织物为双层织物，故生产效率较高。威尔顿机织地毯纹理如图4-1-5所示。

② 阿克斯明特机织地毯。阿克斯明特地毯是英国改进的机织地毯，该地毯也是通过经纱、纬纱、绒头纱三纱交织，后经上胶、剪绒等后道工序整理而成。该地毯使用的工艺源于英国的阿克斯明特，此织机属单层织物且机速很低，地毯织造效率非常低，其效率仅为威尔顿织机的30%。但比威尔顿机织地毯颜色丰富得多，可以织造出非常复杂的花纹、图案。阿克斯明特机织地毯纹理如图4-1-6所示。

 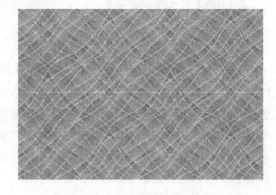

图4-1-5　威尔顿机织地毯纹理　　　　　图4-1-6　阿克斯明特机织地毯纹理

（3）簇绒地毯。该地毯不是经纬交织而是将绒头纱线经过钢针插植在地毯基布上，然后经过后道工序上胶握持绒头而成。由于该地毯生产效率较高，因此是酒店装修首选地毯（图4-1-7）。

（4）非织造地毯。非织造地毯是一种不需要编织的地毯，制作简便，更适合大量生产，价格低廉，是普及型地毯。非织造地毯主要有针刺地毯、钩编、针织和植绒地毯等。非织造地毯都是将毛线用缝纫、钩针、针刺等方法植在预先织好的基布上，再用生橡胶将毛绒固定制成（图4-1-8）。

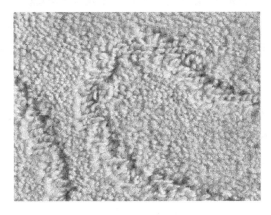

图4-1-7 簇绒地毯　　　　　　　　　　图4-1-8 非织造地毯

**3. 按绒面结构来分类**　地毯由于绒面结构的不同分为圈绒地毯和割绒地毯。

（1）圈绒地毯。圈绒地毯的绒面由保持一定高度的绒圈组成，它具有绒圈整齐均匀，毯面硬度适中而光滑，行走舒适，耐磨性好，容易清扫的特点，适用于步行量较多的地方铺设。若在绒圈高度上进行变化，或将部分绒圈加以割绒，就可显示出图案，花纹含蓄大方，风格优雅。把圈绒地毯的圈割开，就形成了割绒地毯（图4-1-9）。

（2）割绒地毯。割绒地毯的绒面结构呈绒头状，绒面细腻，触感柔软，绒毛长度一般为5~30mm。绒毛短的地毯耐久性好，步行轻捷，实用性强，但缺乏豪华感，舒适弹性感也较差。绒毛长的地毯柔软丰满，弹性与保暖性好，脚感舒适，具有华美的风格。如图4-1-10所示为割绒地毯。

图4-1-9 圈绒地毯　　　　　　　　　　图4-1-10 割绒地毯

**4. 按用途分类** 按使用情况，地毯分为商用地毯和艺术地毯两大类。

（1）商用地毯。商用地毯是工业化生产的地毯，主要用于建筑的地面铺设，如宾馆、酒店、办公室、走廊、卧室、会议室、会客厅等，还可以在游轮、飞机等领域使用。商用地毯一般采用机织或枪刺生产。

（2）艺术地毯。艺术地毯是以欣赏和装饰为目的的地毯，主要悬挂于房间的墙壁上，又称挂毯，一般为手工制作。优秀的艺术地毯一般经过艺术工作者的精心设计和制作者的精心编制，拥有普通商用地毯所没有的艺术欣赏性和思想内涵，具有较高的艺术价值和收藏价值。

**5. 按安装位置分类** 根据地毯的安装位置，分为地面地毯和墙体挂毯或壁毯。

（1）地面地毯。地面地毯是最传统、用量最大的地毯类别，主要用于各个场所的地面铺设，主要体现的是其使用价值，一般以各色图案为主，使用上主要为中低端产品。

（2）墙面挂毯。墙面挂毯主要用于墙壁的装饰和点缀，一般以传统绘画名作中的风景画和人物画为题材，主要是手工编织，具有较高的观赏价值，由于造价较高，一般只有富贵家庭和高端场所使用。

## 二、地毯织物的基本功能与其他性能要求

**1. 地毯的基本功能**

（1）舒适功能。铺垫地毯后，由于地毯为富有弹性纤维的织物，有丰满、厚实、松软的质地，所以在上面行走时会产生较好的回弹力，令人步履轻快，感觉舒适柔软，有利于消除疲劳和紧张。

（2）保暖、调节空气功能。地毯表面绒毛可以捕捉、吸附飘浮在空气中的尘埃颗粒，有效改善室内空气质量。

① 保暖。减少热量从地面散失，阻断地面寒气侵入。

② 调节空气。利用地毯中的空隙储存水分。

（3）吸音功能。地毯的丰厚质地与毛绒簇立的表面具备良好的吸音效果，可以吸收及隔绝声波，并能适当降低噪声影响。

① 地毯的空隙可以降低噪声（吸音）。

② 柔软的地毯可以使走路时发出噪声小。

③ 地毯表面可以形成漫反射，使音响效果好。

（4）审美功能。地毯质地丰满，外观华美，具有丰富的图案、绚丽的色彩、多样化的造型，能美化装饰环境，体现个性，获得极好的装饰效果。

（5）安全性。地毯是一种软性铺装材料，有别于如大理石、瓷砖等硬性地面铺装材料，不易滑倒磕碰。

① 抗静电性。以羊毛、黄麻为绒纱材料的地毯，由于纤维在干燥时本身不导电，因此不存在抗静电这一问题。而以合成纤维为绒纱的地毯，如国外普遍采用的锦纶簇绒地毯，由于容易带电，使地毯带有静电，人在地毯上行走时，接触金属物（如门上的把柄

等）会产生电击感觉（即触电感觉），产生电击的电压因人而异。同样，烘燥后立即用手接触地毯也会有触电的感觉。

地毯上带有静电后很容易吸尘、沾污，使色泽萎缩，影响美观。合成纤维的带电情况以锦纶最为严重，涤纶次之，丙纶最低。高质量的地毯都要经过静电处理。

② 阻燃性。不易燃、发烟少、无毒。用于高层建筑或医院病房的满铺地毯，一般需要具有阻燃性。阻燃地毯的制造方法一般有两种，一种是采用阻燃纤维作为地毯的绒纱，阻燃纤维是由含有阻燃基团的单体与聚合物单体共聚纺丝而制成的合成纤维；另一种是将地毯织物进行阻燃整理，如簇绒地毯背面涂敷胶乳时，将阻燃剂加入胶乳中，使胶乳具有阻燃性，从而使地毯具有一定的阻燃性能。

（6）抗污性。用于家庭或公共场所的地毯，无论是设施需求还是目标性能都要求能耐污，便于清扫，即要有一定的防污性和易洗性。要达到这一目的，地毯的绒面材料一方面必须具有抗静电性，能减少吸尘，降低污染；另一方面可以通过提高地毯的藏垢性来解决地毯的耐污染性。

纤维截面形状是影响地毯藏垢能力的主要因素，纤维截面为圆形时，易去污、抗菌、抗霉。

**2. 地毯的其他性能要求**

（1）坚牢度。

① 耐磨性。耐磨性是指织物抵抗磨损的能力，它与摩擦的类型、织物的表面摩擦性能、纤维强度、纱线捻度和织物结构有关。

a. 摩擦的类型。摩擦的类型包括平磨、曲磨和折边磨。

平磨发生在较大面积的织物平面上，由于应力相对分散，故破坏轻微。

曲磨发生在弯曲部位，因织物处于绷紧和拉伸状态且应力相对集中，所以破坏性大。

折边磨发生于折边处，属于应力最为集中的情况，破坏性最大。

b. 影响耐磨性的因素。手感光滑的织物耐磨性较好。纤维、纱线和织物结构属于织物耐磨性的内在因素。纤维强度大、伸长率高则耐磨性较好，纤维的强度低、伸长率低则耐磨性差。由于磨损主要表现为纱线的松解，所以，纱线捻度适当增大时有利于提高耐磨性。织物结构以松紧适中为好；结构过松时，纱线相互之间的束缚、保护作用就会降低；而紧度过大则会造成摩擦外力作用的集中，成为"硬摩擦"。

② 耐压性。具有一定空间体积的织物，受到正压力时，会发生压缩变形。

织物的压缩变形是以一定的结构特征为前提的，其中决定性的要素是蓬松度。它可以由多种织物类型来体现，如采用膨体纱或变形丝的织物、粗纺羊毛织物、松结构织物、毛圈和毛绒织物、针织物和非织造织物等。

织物的压缩性能会明显地反映在手感上，一定程度的压缩性在触感上往往产生良好的印象，并且会引起心理上的轻松和温暖的感觉。

（2）保暖性。地毯的保暖性可用热阻来表示，选用地毯与室内的供暖形式有关。采用地暖时，把地毯作为导热体，就选用热阻低的地毯，最好低于 $0.2m^2 \cdot K/W$，以便让热量通过地毯导入室内，提高室温。采用散热片时，地毯作为一种热绝缘体，要使用高热阻的地毯，地毯所起的作用是减少导入地板的热损失。

与地毯的保暖性有关的因素除了热阻以外，还有地毯的厚度、密度以及绒头纤维的材料种类、纤维的形状、背面有无衬垫和衬垫的组成等因素。

（3）蓬松度。地毯的蓬松度直接影响地毯的外观和行走的舒适性。高级宾馆等建筑群体所铺设的地毯，要给人一种豪华和舒适的感觉，即必须有良好的外观效果，最基本的要求就在于蓬松度和稳定性。影响蓬松度的因素很多，如绒纱纤维的种类、绒高、绒密等，以下着重分析纤维的截面形状对地毯蓬松度的影响。

地毯绒纱截面形状一般以圆形为主，要提高地毯的蓬松度，往往采用异形截面的化学纤维，国外地毯所用的异形纤维种类很多，常见的有三叶形、五星形等。

### 三、地毯织物的图案与色彩特征

地毯具有丰富的图案、绚丽的色彩、多样化的造型，能美化装饰环境，体现个性。

#### （一）地毯的图案特点

图案总体要求：宁静、平稳、匀称、浑厚、完整。

传统地毯：华美精致、结构严谨。

现代地毯：时代感、简洁明快。

地毯图案的格局要求如下。

传统地毯图案：在特定幅宽内安排一组独立纹样，形成完整格局。

现代地毯图案（簇绒地毯）：四方连续。

**1. 传统地毯图案特征**

（1）仿古式地毯。

① 北京式地毯。北京式地毯是中国手工打结地毯的代表图案，构图以"米"字格为主，中间有夔龙、四周有角云、外围有大小边饰。素材来自我国古典图案，构图规矩对称。图4-1-11所示为北京式地毯图案。

② 美术式地毯。美术式地毯是在借鉴法国奥比松风格基础上发展而成的精美华贵的图案样式。纹样曲折变化大，色彩配置强调对比，具有韵律美。素材来自写实与变化的花草，构图较北京式地毯风格自由。图4-1-12所示为美术式地毯图案。

③ 彩花式地毯。采用了国画的构图和画法，主要用折枝花来表现，体现了清新淡雅的风格。素材来自自然写实的花枝、花簇牡丹、菊花等。构图采用散点处理、自由均衡布局、没有外围边花。图4-1-13所示为彩花式地毯图案。

④ 京彩式地毯。这是北京式地毯与彩花式地毯相结合的一种样式，既有北京式的严谨又有彩花式的淡雅。图4-1-14所示为京彩式地毯图案。

⑤ 古纹（典）式地毯。从北京式演变而来的一种使用明、清代以前的织物纹样的图案样式，图案风格古朴、庄重。90道的为古纹式、120道的为古典式。图4-1-15所示为古纹（典）式地毯图案。

图 4-1-11　北京式地毯　　　图 4-1-12　美术式地毯　　　图 4-1-13　彩花式地毯

⑥ 锦纹式地毯。以中国织锦纹样为主的一种图案组织形式，纹样卷曲缠绕，如行云流水，色彩对比强烈，图案风格丰满、华丽。图 4-1-16 所示为锦纹式地毯图案。

图 4-1-14　京彩式地毯　　　图 4-1-15　古纹（典）式地毯　　　图 4-1-16　锦纹式地毯

（2）东方式地毯。借鉴波斯地毯图案风格的一种以缠枝纹样及纹样组织细密为主的图案样式，色相纯度高，色彩对比强烈，图案风格精美、华贵。素材为波斯图案，有浓郁的东方情调。构图以中心纹样与宽窄不同的边饰纹样相配，图 4-1-17 所示为东方式地毯图案。

图 4-1-17　两种东方式地毯

**2. 机织、簇绒类地毯织物的图案特征**

（1）素材。包括几何图形、抽象图案、变化图案。

（2）构图。常用几何形交错结构和马赛克镶嵌结构，以简单的方格形、菱形、六角形、万字形、回纹形等交错组合，形成平稳匀称的网状结构。毯面较小的机织地毯图案也有采用适合纹样格局的。

**（二）地毯织物的色彩特征**

**1. 传统地毯**

（1）北京式地毯。

① 色彩。古朴浑厚，蓝、暗绿、绛红等。

② 色彩配置。正配（深地浅边）、反配（浅地深边）、素配（同类色）和彩配（不同色相相配）等。

（2）美术式地毯。色彩：以沉稳含蓄的驼色、墨绿、灰蓝、灰绿、深红等为地色。花卉有色明艳，叶子与卷草则多采用暗绿、棕黄色调。

**2. 现代地毯**

色彩：简单明净，红色、草莓色、蓝色、灰色、绿色、深棕色、棕黄色、驼色等。

**（三）地毯织物的图案排列**

**1. 连续纹样**　连续纹样是根据条理与反复的组织规律，以单位纹样作重复排列，构成无限循环的图案。连续纹样中的单位纹样可以是单独纹样，也可以是适合纹样，或者是不具备独立性而一经连续后却会产生意想不到的完整又丰富的连续效果的纹样。因此，在设计连续纹样时，除了要注意单位纹样本身，更重要的是如何根据连续的方向设计单位纹样的接口，这是产生连续效果的关键，连续的自然与否、紧凑与否、流畅优美与否，都与其息息相关。由于重复的方向不同，一般分为二方连续纹样和四方连续纹样两大类。

（1）二方连续纹样。二方连续纹样是指一个单位纹样向上下或左右两个方向反复连续循环排列，产生优美的、富有节奏和韵律感的横式或纵式的带状纹样，亦称花边纹样。设计时要仔细推敲单位纹样中形象的穿插、大小错落、简繁对比、色彩呼应及连接点处的再加工。

二方连续的组织骨式变化极为丰富，一般可分为八种不同的排列骨式。它的基本排列骨式可分为散点式、直立式、倾斜式、波浪式、水平式、一整二破式、折线式、旋转式八种基本骨式。设计过程中应注意其排列的韵律变化，疏密、大小、色调等变化，以期达到完整的视觉效果。

① 散点式。单位纹样一般是完整而独立的单独纹样，以散点的形式分布开来，之间没有明显的连接物或连接线，简洁明快，但易显呆板生硬。可以用两三个大小、繁简有别的单独纹样组成单位纹样，产生一定的节奏感和韵律感，装饰效果会更生动。

② 直立式。有明确的方向性，可垂直向上或向下，也可以上下交替。

③ 倾斜式。倾斜排列有并列、穿插等形式；以折线的形式排列，有直角、锐角和钝角的排列方式。整体效果干脆利落。

④ 波浪式。单位纹样之间以波浪状曲线起伏作连接，其他纹样依附波浪线，分为单线波纹和双线波纹两种，可同向排列，也可反向排列。具有明显的向前推进的运动效果，连绵不断、柔和顺畅。节奏起伏明显，动感较强。

⑤ 综合式。以上方式相互配用，巧妙结合，取长补短，可产生风格多样、变化丰富的二方连续纹样。单位纹样之间以圆形、菱形、多边形等几何形相交接的形式作连接分割后产生强烈的面的效果。设计时要注意正形、负形面积的大小和色彩的搭配。

从二方连续的骨式结构看出，二方连续的基本构成形式是线。无论是点、圆、长线、短线最终汇集而成的都是带状的群线。群线的组合可聚集可分散，可交叉可循环，这样才可以无限反复排列，形成带状图案。线的魅力在于不论直线曲线都能给人的心理带来强烈的反应。直线的干脆利落，曲线的波澜起伏都给人们带来视觉上的享受。

（2）四方连续纹样。四方连续纹样是指一个单位纹样向上下左右四个方向反复连续循环排列所产生的纹样。这种纹样节奏均匀，韵律统一，整体感强。设计时要注意单位纹样之间连接后不能出现太大的空隙，以免影响面积连续延伸的装饰效果。规则的散点排列有平排和斜排两种连接方法。

① 平排法。单位纹样中的主纹样沿水平方向或垂直方向反复出现。设计时可以根据单位中所含散点数量等分单位各边，分格后依据一行一列一散点的原则填入各散点即可。还可以用四切排列或对角线斜开刀的方法剪切单位纹样后，各部分互换位置并在连续位处添加补充纹样，重复两次后再复位. 即可得到一个完整的平排式四方连续单位纹样。

② 斜排法。单位纹样中的主纹样沿斜线方向反复出现，又称阶梯错接法或移位排列法，可以是纵向不移位而横向移位，也可以是横向不移位而纵向移位。由于倾斜角度不同，有1/2、1/3、2/5等错位斜接方式。具体制作时可以预先设计好错位骨架再填入单位纹样。

a. 连缀式四方连续纹样。连缀式四方连续是一种单位纹样之间以可见或不可见的线条、块面连接在一起，产生很强烈的连绵不断、穿插排列的连续效果的四方连续纹样。常见的有波线连缀、菱形连缀、阶梯连缀、接圆连缀、几何连缀等。

波线连缀。以波浪状的曲线为基础构造的连续性骨架，使纹样显得流畅柔和、典雅圆润。

几何连缀。以几何形（方形、圆形、梯形、菱形、三角形、多边形等）为基础构成的连续性骨架，若单独作装饰，显得简明有力、齐整端庄，再配以对比强烈的鲜明色彩，则更具现代感；若在骨架基础上添加一些适合纹样，会丰富装饰效果，细腻含蓄、耐人寻味。

b. 重叠式四方连续纹样。重叠式四方连续纹样是两种不同的纹样重叠应用在单位纹样中的一种形式。一般把这两纹样分别称为"浮纹"和"地纹"。应用时要注意以表现浮纹为主，地纹尽量简洁以免层次不明、杂乱无章。

同形重叠。又称影纹重叠，通常是散点与该散点的影子重叠排列，为了取得良好的影子变幻效果，浮纹与地纹的方向和大小可以不完全一致。

不同形重叠。通常是散点与连缀纹的重叠排列。散点作浮纹，形象鲜明生动；连缀纹作地纹，形象朦胧迷幻。

**2. 装饰构图** 装饰构图又称综合构图，是指按照一定的工艺条件、功能要求和审美需要，把单独构成、适合构成、二方连续构成及四方连续构成等方法综合运用到一个完整的构图中，如地毯、台布、窗帘、陶瓷、家具、建筑装饰等。装饰构图形式多样，常见的有格律体、平视体和立视体。

**3. 其他图案**

（1）格律体构图。格律体构图是指以九宫格、米字格或两种格子相结合作骨式基础的构图。既具有结构严谨、和谐稳定的程式化特征，又具有骨式变化多样、不拘一格的情趣。

（2）平视体构图。平视体构图是指画面不受透视规律限制，所有形象都处于视平线上的一种平面化的构图。形象一般表现侧面，简练单纯，不刻意追求空间的纵深层次，有如剪纸效果。

（3）立视体构图。立视体构图是指运用中国传统画中散点透视的原理，以"前不挡后""大观小"和"蒙太奇"的手法自由组合的构图。可产生穿墙透视、一览无余的立体化画面效果，在传统壁画风景图案中运用较多。

## 四、地毯织物的生产技术

### （一）地毯织物的生产方法

**1. 手工地毯** 手工地毯又称手工栽绒地毯、手工编织地毯、手织地毯、东方地毯等。一般用强度较高的合股棉线做经纱和地纬纱，用有色毛纱作栽绒纬纱，在经纱上根据设计图案先把有色绒纬纱拴结成绒头，再切断，形成一个独立的绒结，反复通过连续的拴、切动作，并间隔地织进地纬纱，将绒头固定于底布上，形成的地毯由毯身、衬边和穗头三部分组成，牢固又美观。

手工地毯生产时打结方法很讲究，具有代表性的打结方法有伊朗式打结法（又称土耳其打结法）、中国式打结法，如图 4-1-18 所示。手工地毯产品一般在 30cm 间距中，打结绒头 6400 个（经向 80 列，纬向 80 列），使用立式地毯织机编织。

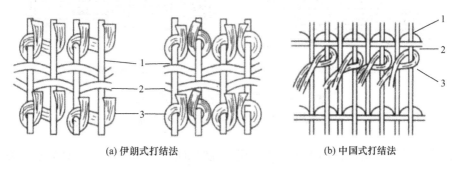

(a) 伊朗式打结法　　　　　　　(b) 中国式打结法

图 4-1-18　手工地毯打结方法

1—经纱　2—地纬纱　3—绒纬纱

**2. 机织地毯**　机织地毯由经纱、纬纱、绒头纱采用平纹、斜纹、纬二重等组织织造而成。其织机原理与一般织机相仿，不同的是装有成绒机构，由机械织成绒头，并固着于底布上，再经割绒后即可形成绒头耸立的毯面。机织地毯一般都采用双层织造法，具有代表性的机织地毯是英国的威尔顿地毯和阿克明斯特地毯。

（1）威尔顿地毯。该地毯是通过地经纱、衬垫经纱、纬纱、绒头纱交织，后经上胶、剪绒等后道工序整理而成。其织造方法有两种：一种是每隔两根纬纱结以绒头者称为双纬起绒；另一种是每隔三根纬纱结以绒头者称为三纬起绒，如图 4-1-19 所示。此织机可用 5 种颜色的绒纱自动提花。若采用单色绒纱，可通过织物组织变化显现花纹，绒头形状有圈绒与割绒两种。

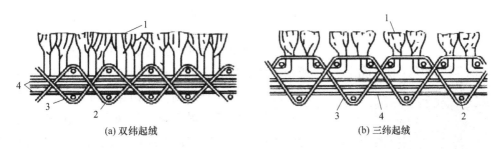

(a) 双纬起绒　　　　　　　　　(b) 三纬起绒

图 4-1-19　威尔顿地毯织造方法

1—绒头纱　2—纬纱　3—地经纱　4—衬垫经纱

（2）阿克斯明特地毯。阿克斯明特地毯由地经纱、链经纱、纬纱、绒头纱四部分组成。用机械方法将绒头纱栽植到地毯底布的链经纱中，由纬纱加以固定，其织造方法可分为双纬起绒和三纬起绒两种，双纬起绒指每隔两根纬纱结以绒头，三纬起绒指每隔三根纬纱结以绒头，如图 4-1-20 所示。此种地毯绒头均为割绒，颜色可选 8~16 种，花纹艳丽醒目。

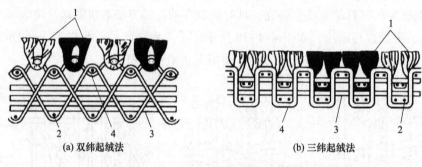

(a) 双纬起绒法　　　　　　(b) 三纬起绒法

图 4-1-20　阿克明斯特地毯织造方法

1—绒头纱　2—纬纱　3—地经纱　4—链经纱

**3. 簇绒地毯**　簇绒地毯的生产技术沿用了缝纫机的工作原理，由排列着数千根在头部穿有绒纱的簇针，把绒纱穿入基布。这些簇针被分为若干组，固定在针板上，由偏心轴传动，使各簇针以垂直往复运动穿过梳状托板的齿隙后，在基布的背面留下绒圈，再经修补、整理、背面上胶、烘干等工序后，可形成产品。

簇绒地毯的绒头有割绒、圈绒、高低绒圈三种不同的类型，都可在普通簇绒机上簇制而成。若使用提花簇绒机，则可簇制提花簇绒地毯。簇绒地毯的断面结构如图 4-1-21 所示。

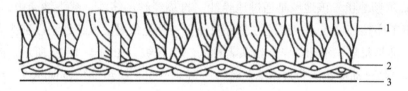

图 4-1-21　簇绒地毯断面结构图

1—绒纱　2—基布　3—胶层

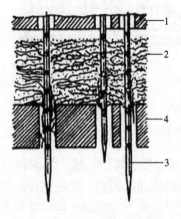

图 4-1-22　针刺基本工艺原理

1—针板　2—纤维网　3—刺针　4—托网板

**4. 针刺地毯**　针刺法的基本工艺原理如图 4-1-22 所示。利用三角截面（或其他截面）棱边带倒钩的刺针对纤网进行反复穿刺。倒钩穿过纤网时，将纤网表面和局部里层纤维强迫刺入纤网内部。由于纤维之间的摩擦作用，原来蓬松的纤网被压缩。刺针退出纤网时，刺入的纤维束脱离倒钩而留在纤网中，这样，许多纤维束纠缠住纤网使其不能再恢复原来的蓬松状态。经过许多次的针刺，相当多的纤维束被刺入纤网，使纤网中纤维互相缠结，从而形成具有一定强力和厚度的针刺法非织造材料。

地毯成形后，还需要在地毯的背面涂上一层胶料，使绒头纱固定在底布上，形成背衬，以保持地毯的弹性感、舒适感和尺寸稳定性，这层胶料通常称为固着层。有时还需要在其外面再涂上发泡胶料或粘上一层衬布，使其更为坚固耐用、平整硬挺、行走舒适。

**5. 黏合地毯**

（1）植绒地毯。

① 生产方式。静电植绒，将短纤竖立在机织底布上。

② 缺点。绒头短、丰满度差。

（2）凸条黏合地毯。

① 生产方式。将花式绒圈线黏合在底布上。

② 缺点。弹性比较差。

**6. 针织地毯**

① 生产方式。针织。

② 缺点。织物厚度小，弹性不够，使用比较少。

**（二）地毯的背衬**

**1. 目的**　固定绒头，使地毯平整和尺寸稳定。

**2. 背衬和上胶剂**

（1）背衬为黄麻时，效果较好，价格高，货源紧。

（2）上胶剂为合成橡胶，稳定性好，填充性与黏着性优良，具有良好的弹性与抗蠕变性能，且配制方便。加入一定填充剂（碳酸钙粉）后，可增加地毯的重量和硬挺度，提高与地面接触的稳定性。

**3. 涂层方法**　浮刀式涂层、带浆辊单面浸渍涂层、双辊泡沫浸渍等。

**4. 泡沫黏合剂**　将黏合剂浓溶液经过泡沫发生器进行发泡。含固量 40%~50%，上胶率 30%~35%，发泡比 15:1~25:1，气泡直径 50~100μm，破裂半衰期 5~10min。加入发泡剂（油酸钾等）。

## 五、地毯用纺织品的测试指标、方法和常用规格

**（一）地毯的检测**

**1. 地毯检测的相关标准**　ISO、美国 ASTM、德国 DIN 和中国台湾 CNS 地毯专门标准。

**2. 地毯的检测指标**

（1）尺寸指标。包括厚度、单位面积质量、尺寸稳定性（受力、水、热后）。

（2）外观指标。包括绒毛高度、绒毛密度、绒毛固结牢度。

（3）性能指标。包括耐摩擦性、耐压弹性、压缩疲劳率、染色牢度、行走舒适性、耐污性、抗静电性、阻燃性、防水性、抗起毛起球性。

**（二）常用规格及计算用料**

**1. 地毯的规格及功能地毯**

（1）规格。小地毯有 76cm×137cm、60cm×115cm、120cm×170cm、160cm×240cm、275cm×366cm、275cm×458cm、366cm×641cm 等规格。

（2）功能地毯。

① 满铺地毯。是铺设于整间房或楼道地面的地毯。

② 抗菌地毯。用于医院及宾馆等。采用抗菌纤维或经过后整理。

③ 防水地毯。浴室等，加防水橡胶。

④ 荧光地毯。楼道等，加入荧光纤维。

**2. 计算用料**　首先测量需要铺地毯的房间的长和宽，然后据此选购幅宽与房间的长（宽）相等或稍大些的成卷地毯。若地毯的幅宽小于房间的长或宽，就需要拼接，这时应量居室的长或宽，看其中有没有与所选地毯的幅宽成倍数关系的，比如：房间的长正好是地毯幅宽的 3 倍，则应以房间的 3 个宽度之和为长度尺寸购买地毯。

在计算地毯尺寸时，还应考虑门口处的凹入部分，为保持地毯的整体效果，可以凹入部分为依据计算，也可利用多余的边缘补在此处。一般整个居室的几个房间都采用同一种地毯时，总会有边角余料剩下，可用在门口处。

计算地毯尺寸时，还应注意接缝留在什么位置，即使多剩下些边角也应尽量使接缝少，并留在不显眼的地方，这样才不致影响美观，地毯也不易从接缝处破损。

### 六、地毯产品的新发展

**1. 杀菌地毯**　经特殊处理，鞋底杂物有 70% 被吸附，杀菌吸尘。

**2. 吸尘地毯**　由静电作用强的材料制成，可吸附尘土和污垢。

**3. 抗污地毯**　在地毯的表面增加新物质，可使酒类、饮料、巧克力及各类油脂不会渗透到地毯中，只是呈小液珠状，可用纸巾擦除。

**4. 发光地毯**　加入丙烯酸系的发光纤维，可发出闪光，适宜铺设在楼梯处或做脚垫使用。

**5. 变色地毯**　可使地毯清洗一次换色一次，有常换常新的感觉。

**6. 电热地毯**　内部含有特殊物质，接电后即可传热，效果优于电炉和电暖气，耗电少。

## 第二节　挂帷遮饰类纺织品

挂置于门、窗、墙面等部位的织物称为挂帷遮饰类纺织品，也可用于分割室内空间。挂帷遮饰类纺织品包括窗帘、帷幔和遮阳织物等，此类织物在室内装饰中占据重要位置，是家庭、宾馆、饭店、公共设施、交通工具中必需的消费品，由于挂帷遮饰类纺织品在室内空间中所占面积较大，其情调意味、色彩图案、织纹肌理等，对整个室内环境的氛围有着较大的影响。

### 一、挂帷遮饰类纺织品的分类

挂帷遮饰类纺织品根据实用功能可分为四类，包括窗纱织物、窗帘织物、浴帘、帷幔织物。另外，还可以按照生产方式和使用场所等方面来进行划分。

**（一）按实用功能分类**

**1. 窗纱织物**　原属于窗帘类，位于多层窗帘的外侧，但具有独特的性能与较大的用量。结构较稀松，用于做外层薄型窗帘，有较好的透气性、耐日晒、耐污染，一般称为窗纱。

（1）窗纱织物特点。轻、薄、稀、透明；有一定数量的网眼；既能阻隔外界的视觉干扰，又能使光线进入（图4-2-1所示）。

（2）窗纱织物分类。分为薄型和半薄型两种。

① 薄型多以涤纶等合成纤维细支纱线在特宽幅织机上织造，质地轻盈，结构疏松，具有较好的透气、透光性。

② 半薄型通常采用棉、麻等粗特竹节纱、结子纱、羽毛纱、圈圈纱、无捻纱、雪尼尔纱等花式纱线织制，织物风格别致，薄如蝉翼，既能遮光透气，又具有色彩淡雅飘逸的独特艺术魅力，是现代室内装饰中应用较多的窗纱织物。

图4-2-1　窗纱织物

（3）窗纱织物的织制方式。有机织和经编两种。

① 机织窗纱。分别有平纹、透孔组织和纱罗组织、联合组织。

a. 平纹窗纱。平纹窗纱分为普通平纹窗纱和变化平纹窗纱两种。普通平纹窗纱包括巴厘纱织物和麦士林纱织物。巴厘纱织物是细特高捻低密的平纹棉织物，表面平整，轻薄透明且手感挺括、滑爽，透气透湿。麦士林纱织物是超细、特低密的平纹单纱棉织物，布面匀净，孔隙清晰，轻薄柔软，透明度高，凉爽透气，因其细特单纱的结构，手感比巴厘纱更为柔软，是棉织物中最轻薄的品种。变化平纹窗纱包括麻纱和丝绸窗纱。麻纱是采用纬重平等平纹变化组织，高支高捻纱织成的中密型棉织物，经纬纱密度相近，由于重平组织产生类似粗纱和细纱相间织造的平纹布效果，仿造麻织物纱线条干不匀所产生的表面肌理，再加细特高捻纱织物所特有的手感滑爽、挺括、轻薄透气的特点，使之成为既有棉布触感又有麻布外观的特色纺织品。丝绸窗纱采用2根强捻合股丝作经纬纱。以平纹组织织成，由于经纬纱均以不同的捻向两两相间排列，致使漂练过程中布面由捻缩等因素造成收缩而产生细密均匀的绉纹，成为绉面外观的透明丝织品，其手感柔软，轻薄飘逸。

b. 透孔组织窗纱（假纱罗）。在一个完全组织中，由于联合采用了平纹组织和重平组织，相邻两根平纹组织的纱线，因交织而彼此分开，而夹在平纹中的重平组织长浮线收缩并被两边的平纹纱线挤起，使纱线集聚成束而形成孔眼。透孔组织示意图如图4-2-2所示。

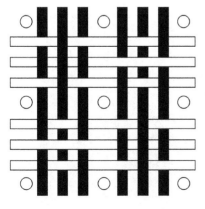

图4-2-2　透孔组织示意图

99

c.纱罗组织窗纱。纱罗组织指的是仅纬纱相互平行排列，经纱分为绞经和地经，相互扭绞地与纬纱交织的织物。制织时，地经位置不动，同一绞组的绞经有时在地经的右方，有时在地经的左方。当绞经从地经的一方转到另一方时，绞经、地经之间相互扭绞一次。绞经、地经相互扭绞并与纬纱交织的结果，不仅使织物中经纱间的空隙增大，而且由于经纱的扭绞，纬纱亦被隔开，空隙增大，从而形成六角形的纱孔。纱罗组织能使织物表面呈现清晰纱孔，质地稀薄透亮，且结构稳定，织物透气性好。纱罗组织示意图如图4-2-3所示。

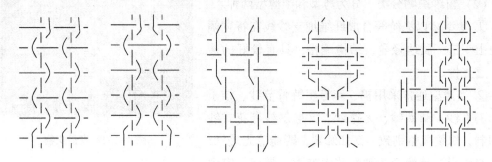

图4-2-3　纱罗组织示意图

d.烂花布窗纱。烂花布窗纱表面具有半透明花型图案，有较好的透气性，尺寸稳定。其制作方法为：用涤纶长丝外包有色棉纤维的包芯纱，在织成织物后用酸剂制糊印花，经烘干、蒸化，使印着部分的棉纤维水解烂去，经过水洗，即呈现出只有涤纶的半透明花型。另外，也可用黏胶纤维包涤纶长丝、醋酸纤维包涤纶长丝、涤/棉、涤/黏、涤/麻混纺纱织成。

（4）经编窗纱。经编针织物与纬编针织物相比，一般延伸性比较小，但仍然比机织物延伸性大。大多数纬编织物横向具有显著的延伸性。经编织物的延伸性与梳栉数及组织有关。有的经编织物横向和纵向均有延伸性，但有的织物则尺寸稳定性很好。

经编窗纱的优点是网眼形态和花纹变化较大，缺点是尺寸稳定性较差。其种类有平纹、提花等。网眼型式有方形、矩形、六角形、圆形、菱形等。另外，可使用衬纬和花式线。经编组织示意图如图4-2-4所示。经编窗纱实物图如图4-2-5所示。

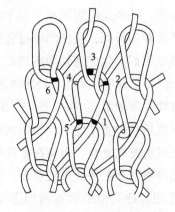

图4-2-4　经编组织示意图

图4-2-5　经编窗纱实物图

**2. 窗帘织物**　窗帘织物一般泛指用于窗帘中间层的中厚型织物和用于里层的厚型织物。其组织结构大都为机织物，分为平素织物、印花织物、条格织物、提花织物和绒类织物。要求质地厚实、蔽光、隔音、保暖。

（1）中厚型窗帘。要求在半透明与不透明之间，能隔断室外视线，又透入光线，单层简单织物较多，包括素织物、印花织物、色织物、花式纱线提花织物、彩色条格织物、边饰织物和提花印花织物。

① 素织物窗帘。素织物指的是由坯布经匹染加工而成的织物。如图4-2-6所示。品种有卡其、华达呢等。卡其多采用3/1斜纹织造，称单面卡其，也有采用2/2斜纹织造的双面卡其。卡其有全纱、半线和全线的品种之分，纱卡其为3/1左斜纹组织，半线卡其为3/1右斜纹组织，品质优良的全线卡其用精梳细特股线织造。华达呢是采用2/2斜纹组织织造的双面细斜纹棉织物，有全纱华达呢和半线华达呢两种，全纱华达呢的经、纬纱用28tex或32tex单纱，采用左斜纹组织。半线华达呢经纱用18tex×2~14tex×2股线，纬纱用32~28 tex单纱，采用右斜纹组织。华达呢经密大于纬密，经、纬紧度

图4-2-6　素织物窗帘

比约为2:1，织物正反面纹路清晰，略窄于哔叽的纹路，表面结构紧密，光洁厚实，身骨挺括。

② 色织物窗帘。色织物是用染色纱线织成的花色织物，其表面花色取决于色纱的组合与织物的组织结构。例如：线呢、色织府绸等。

线呢是色织的全线或半线花色棉织物。可用各种结子线、混色线、金银线等花色线配合各种小花纹组织和变化组织织造出丰富多彩的布面外观，由于经纱密度大于纬纱密度，织物表面呈现由经纱形成的凸起花纹。质地厚实坚牢，富有弹性。

图4-2-7　印花窗帘

色织府绸是细特高密织物，纱线特数范围为29~14.5tex，经向紧度高于平布，纬向紧度低于平布，经纬向紧度比为5:3。由于经纬密度差异大，织物中纬纱处于较平直状态，经纱屈曲程度较大。且由于经、纬纱之间的挤压，使布面所见的经纱呈菱形颗粒状，并构成了经纱支持面。府绸的表面质地细密，光洁匀整，手感挺括、滑爽。

③ 印花窗帘。印花织物是由白坯布经练漂加工后表面用色浆套印花纹而成的花色织物如印花哔叽（图4-2-7）。哔叽是采用2/2斜纹组织织

造的中厚双面斜纹棉织物，有全纱哔叽和半线哔叽两个品种。全纱哔叽的经、纬纱用32～28tex单纱，采用左斜纹组织；半线哔叽经纱用18tex×2～14tex×2股线，纬纱用36～32tex单纱，采用2/2右斜纹组织。哔叽的经、纬密度相近，经、纬向紧度比约为6：5，织物反面纹路同正面一样清晰，且宽窄疏密相同，纹路较宽，仅斜向不同，手感松软，以印花的品种为主。

（2）厚型织物窗帘。要求织物质地厚实，具有蔽光、隔音、保暖等效果。一般为绒类织物及缝编织物和大提花的重组织织物。

① 绒类织物。在普通织物的表面进行拉毛、割绒等起绒整理的织物。绒类织物是传统的厚型窗帘面料，无论是灯芯绒、平绒还是金丝绒，都具有雍容华贵之感。

平绒是经起毛组织的立绒面棉织物，采用双层重平组织织造，起绒经纱交替与上下层底布交织，割断双层底布之间的绒经后，烧毛、轧光而形成细密平整的短绒表面，光泽柔和，手感柔软，不易起绉，不露底纹。

灯芯绒是纬起毛组织的条绒面棉织物。采用一组经纱与两组纬纱交织，其中起绒的毛纬与经纱交织时，在织物表面形成由浮长线和固结点构成的经向有规律的宽条，经割绒、烧毛、刷毛、轧光等整理后，织物表面呈凸起的绒条，光泽柔和，手感柔软，绒条圆直，纹路清晰，质地坚牢耐磨，有匹染、印花的品种。

法兰绒是较薄型的素色粗纺毛织物。采用9～15公支粗梳毛纱。平纹或2/2斜纹组织织造，以毛染混色为主，也有色织条、格和匹染素色织品，经缩绒整理后，呢面丰满细洁，底纹可辨，手感柔软活络，全幅米重440～600g。

长毛绒是用条染精梳毛纱和棉纱交织的立绒织物，又称海虎绒。一般采用经起毛或纬重平组织织造，以26/2公支精梳毛纱、股线作起毛经纱，用棉纱作底布组织经、纬纱，坯布经割绒、刷毛、剪绒等整理而成，绒面光泽柔和，手感绒毛稠密、丰满、厚实、保暖。

里层窗帘以各种中厚织物为主，所使用的原料有棉、麻及各种纤维的混纺纱，还有涤纶长丝、黏胶长丝、各种异型丝、有光丝等，利用化纤原料的变化，使织物具有不同的风格特征，如利用雪尼尔毛圈纱起花，有立体的绒毛效果；纯棉、涤棉贡缎织物经印花、轧光整理，产品高雅，有高档感；利用混色花色纱割绒印花，突出层次；利用异形涤纶长丝、人造丝，使织物花型起亮光效果；利用各种花式纱（如粗特纱、花色纱、结子纱、圈圈纱、印节纱、金银丝等）加以点缀，使织物表面粗犷，有立体效果。

② 大提花窗帘。大提花窗帘一般采用多种原料交织显花，纹织结构变化细腻，花纹表现洒脱豪放，色彩丰富，层次感强，如罗纹锦、高峰锦、棉麻绸等，均具有浓郁的东方艺术特色和良好的使用功能。

里层窗帘品种还有纯棉、涤棉、涤纶长丝印花织物及色织大提花织物、花色纱线仿麻织物、双层提花织物、绒类织物（如平纹、灯芯绒、丝绒、天鹅绒、条格绒、提花绒、轧花绒、刷花绒等）。刷花绒具有凹凸花纹，风格粗犷、高雅；双层大提花织物手感柔软，外观新颖别致。

③ 缝编织物。缝编织物是一种新型的非织造窗帘织物，原料大多为散状纤维的腈纶和阻燃型涤纶，采用马利莫或马利瓦特缝编机生产。该类型产品尤其在美国使用较多，如非织造缝编印花仿灯芯绒、绒厚型窗帘，具有不透光、悬垂性好的特点，并在背面涂以浅色涂料，以增加其牢度并达到遮光效果。

**3. 浴帘**　防水性较高，一般为合成纤维经涂塑防水整理而成（图4-2-8）。

**4. 帷幔织物**　帷幔织物一般是用来分割室内空间的，国外及现代大都市青年也有用作床幔的。根据实际需要，有厚、薄两种类型。薄型帷幔要求要有一定的能见度，透过帷幔能隐约可以看见室内环境，并造成一种经参照物对比视觉空间加大的效应，厚型帷幔主要是隔离空间的作用，由于织物具有丰润厚实的质地和良好的遮蔽、隔音功能，可使室内局部保持相应的独立感。

图 4-2-8　浴帘

帷幔织物与窗帘织物基本相同，一般可以通用，只在幅面大小、制作形式上略有区别。帷幔面料有各类纤维织造的平素和提花织物。在原料的使用上，目前又以棉黏纤维、棉麻纤维、涤黏纤维、涤麻纤维等混纺织物为热门。由于混纺原料集中了各自所长，在悬垂性、透气性、阻隔性能方面均有一定的提升。

帷幔织物特点如下。

（1）薄型帷幔。似隔非隔（图4-2-9）。

（2）厚型帷幔。完全隔离，室内局部有一定的独立感（图4-2-10）。

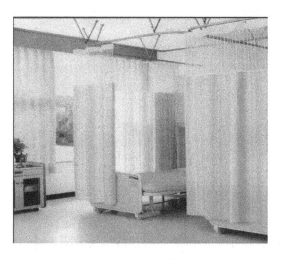

图 4-2-9　薄型帷幔

图 4-2-10　厚型帷幔

**（二）按生产方式分类**

**1. 机织物** 根据不同原料、不同组织、不同加工方法通过传统的织机可以生产出的经纬交织挂帷织物及起绒类织物。

**2. 针织物**

（1）纬编织物。常用作小面积简单挂帷织物使用。

（2）经编织物。用经编法生产的挂帷织物，如拉舍尔挂帷织物等，常用作窗纱。

（3）针织起绒类织物。用针织起绒方法生产的绒类挂帷织物，常用作幕帘等。

**3. 非织造织物**

（1）热黏合织物。以热熔纤维等作为加固材料，用热黏合方法生产的挂帷织物，一般用作小面积使用或用作其他挂帷织物的敷料。

（2）喷胶棉。由黏合剂黏结纤维网，形成絮片状的非织造织物，用作填料，起保温作用。

（3）热轧布。用热轧法生产的非织造布，分长丝热轧布、短纤维热轧布。如采用花纹热轧辊，还可以增加花纹效应，常用作塑料大棚或玻璃温室的幕帘或门窗。

（4）针刺织物。用针刺法生产的非织造布，常用作清洁空气用的过滤挂帷或其他辅助挂帷等。

（5）簇绒织物。用簇绒法生产的非织造布，常用作隔声防噪挂帷等。

**（三）按使用场所分类**

**1. 居家室内用挂帷织物** 窗帘、门帘、屏风隔挡用织物、装饰艺术用织物分别见图4-2-11~图4-1-14。

图4-2-11 窗帘

图4-2-12 门帘

**2. 公共场合用挂帷织物**

（1）影剧舞台用织物。影剧舞台、幻灯投影幕布帘、布景等用挂帷织物。图4-2-15为布景用挂帷织物。

图 4-2-13　屏风

图 4-2-14　装饰艺术用织物

（2）会议用织物。会议幕帘、专用标识、标语口号等用挂帷织物。

（3）纪念性活动用织物。节日纪念、红白喜事等用挂帷织物。

（4）宣传广告用挂帷织物。如图 4-2-16 所示条幅。

图 4-2-15　布景挂帷织物

图 4-2-16　宣传用挂帷织物

**3. 卫生劳保用品挂帷织物**

室内清洁用织物：如吸尘、灭菌用挂帷织物。

医疗卫生用织物：如隔离不同病区或是特殊病房用的挂帷织物。

浴室、卫生间用挂帷织物：如浴室、卫生间的门帘、窗帘、除臭帘等挂帷织物。

特种劳保功能用织物：如用作隔声、防辐射、防电磁波干扰等挂帷织物。

## 二、挂帷遮饰类纺织品的功能与性能要求

### （一）挂帷织物的基本功能特点

**1. 遮蔽功能**　织物的遮蔽功能为人们提供了相应的私人空间，工作和生活环境中，人们都希望有一个相对独立安静的环境，如图 4-2-17 所示。挂帷织物的遮蔽功能体现在

以下三个方面。

（1）隐蔽性、安全性和私密性，防止外界视觉干扰。运用窗帘或是帷幔能有效防止外界视线、声音、光线的干扰，保证人们工作、生活的私密性和安全性，还可掩藏令人不快的外界环境。

（2）减少阳光对室内物品的暴晒，免遭损坏。

（3）暗房。

**2. 调节功能**　窗帘与帷幔的使用可灵活、简便地调节、分隔或组合室内空间，可造成视觉和空间的多种变化。如图 4-2-18 所示，根据室内环境和使用功能的不同，挂帷织物有以下三种调节功能。

图 4-2-17　挂帷织物的遮蔽功能

图 4-2-18　挂帷织物的调节功能

（1）调光。窗帘可以有效地调节室内的光通量，消除或减弱刺目的阳光。

（2）调温。窗帘有助于室内温度的调节。有效而经济地起到保温作用，可做到防寒保暖和防暑隔热，可减少 20% 热损失。

（3）调湿。窗帘和帷幔的启闭，可使室内的空气和通风量得到较好的调节，起到调节室内湿度的作用。

**3. 隔离功能**

（1）隔音降噪、过滤空气。窗帘和帷幔降低环境噪声的功效也是不可忽略的，双层、三层窗帘能达到较好的隔音效果。

（2）用于分隔空间。

**4. 美化功能**　挂帷织物，特别是窗帘，被称为"房屋的名片"，可以反映居住者的品味和地位。它们还被称为室内装饰的"眼睛"，因为它们在室内占有较大的面积和空间，往往成为视觉感受的重点。由于丰富多变的组织结构、机理变化，加上赏心悦目的色彩图案以及眉幔、饰带、垂缨等各种装饰配件，对室内空间起重要的装饰、美化作用（图 4-2-19）。

**（二）挂帷织物的性能要求**

**1. 悬垂性能**　挂帷类产品悬挂时能否具有挺括清晰的褶裥纹路，是评定外观视觉效果理想与否的重要标志，是挂帷织物最重要的标记。目前具有最好悬垂性的原料是再生纤维，再生纤维不论是用作经线或是纬线，都能显现出流畅、清晰的褶裥，同时在色彩、光泽等方面亦具有良好的性能，因而，再生纤维是挂帷类织物广泛使用的纤维原料之一，用它与其他原料混纺或交织，也可得到较好的悬垂效果。

图 4-2-19　挂帷织物的美化功能

**2. 垂延性能**　垂延性能，是指挂帷织物在悬挂使用一段时间后，因自重导致尺寸伸长而影响织物整齐程度。织物的垂延伸长率与原料性能、纱线粗细、捻度大小、组织结构、经纬密度等都有关联。所以大多数测试是采用成品实用吊试的方法，此法方便易行，可以较为准确地测得某种织物的垂延性能。

挂帷织物要求垂延性能具有一致性。

**3. 耐晒性能**　需要染色和印花的挂帷织物，要选择达到耐光色牢度要求的染料或是颜料。服用染料和印花织物通常达不到这个标准。为使挂帷织物具备良好的耐晒性，在纤维原料、染料和加工工艺方面都需要进行优化选择。

**4. 耐洗涤性能**　挂帷织物在使用过程中常遭风吹雨打，极易沾染尘埃、污垢，因此必须具备耐洗涤性能。合成纤维耐洗性好，但极易老化，除编织窗纱外，纯织的品种不多。黏胶纤维有良好的适应性，但水洗时形变程度大。天然纤维中的丝、毛及绣花类织物等经水洗后，则会影响外观风貌，因此，要致力于开发混纺原料产品，利用各自优势，扬长避短，使新产品在保持原有纤维特性时，亦具备较好的耐洗涤性。

**5. 卫生性能**　挂帷织物与空气接触较多，受温度、湿度、环境、污染等影响，易受细菌侵蚀发生霉变，因此，这类织物需要一定的抗菌防霉性能。一般合成纤维在这方面性能比较优良。至于棉、毛、丝、麻天然纤维和黏胶纤维类织物，可以通过后整理加工方法增强其卫生性能。

**6. 吸音性能**　挂帷织物的吸音性能主要是指吸收室内产生的声音，这与织物间隙保持的空气层有密切关系。多数纤维及织物表面为非光滑体，特别是中厚挂帷织物大多数是重组织结构，各组织中的纤维相互交织成多层状态，因此，这类挂帷在阻挡外界声音的同时，也能较好地吸收室内声响，声源经过织物漫反射后有所损耗，使声音更加清新悦耳。

呢绒织物吸音性能最佳，所以常用作舞台帷幔和剧场窗帘。

**7. 阻燃性能（也称难燃性能或防火性能）**　阻燃性能是指织物在接触燃着物时，不能助燃或引起火焰。当前，具有阻燃性能的纤维主要有改性聚酯纤维、聚氯乙烯纤维、聚乙烯醇纤维、黏胶纤维和改性聚丙烯腈纤维，完全阻燃纤维仅有玻璃纤维，用这种纤维织制的面料可作为防火设备，装置在门、窗、走廊等处，一旦遇火，将帘放下就能截断火源。

**8. 防降解性能**　所有纺织品纤维长期连续不断地暴露在紫外线（阳光）下，都会降解和分解，其中有些纤维比其他纤维受到的影响更为严重，纤维降解随时间的推移缓慢作用于织物。因为挂帷织物在使用中受到的力（如摩擦和弯曲）很小，所以这种降解不是非常明显，直到织物进行洗涤或者干洗时才表现出来。最后织物在洗涤或者干洗时发生撕裂。各种不同纤维相对的抗紫外线降解能力不同，不适宜选择锦纶、羊毛和蚕丝等纤维用于窗用织物。锦纶、羊毛或蚕丝制成的帷幔必须用腈纶、涤纶或者棉纤维帷幔衬里，这些衬里可以延缓紫外线降解。

### 三、挂帷遮饰类纺织品的图案与色彩特征

#### （一）挂帷织物图案与色彩的特点

**1. 图案的题材**　因悬垂状态织物有折裥效应，从而形成节奏感。因此，应选用清新活泼的几何、花草和肌理图案作题材，从而显得流畅、自然。

**2. 大面积挂帷织物的图案**　图案平稳匀称，色彩淡雅，以求安宁、舒适的气氛与情调。不宜使用动感很强的图案。

**3. 图案的技法**　由于折裥效应，难以保证完整，不宜运用写实图案，而采用简洁的写意型。

**4. 不同类型挂帷织物的图案与色彩**

（1）薄型窗纱。色彩淡雅，图案简练概括，注意花纹虚实层次与网眼疏密的组合，形成丰富的多层次效果。

（2）中厚型窗帘、帷幔。图案端庄大方，色彩以明丽优雅的浅色、中深色较多。

（3）厚型窗帘、帷幔。图案带有较浓郁的传统意味、色彩，以沉稳富丽的绛红、墨绿、古铜色为主。

#### （二）挂帷织物图案的表现形式

**1. 四方连续形式**　挂帷织物图案多数为四方连续，构图匀称、韵律感强。

（1）条型图案。能较好地体现悬垂感。

条形图案分为直条型图案和横式条型图案两种。直条型图案自然流畅，增加室内高度感。横式条型图案增加平稳感和室内的开阔感，与折裥效应配合有波浪形变化。

条型图案的素材。其素材包括纯线条组合和花线条组合两种。纯线条组合以单纯的几何直线、折线或曲线排列而成。要求简练、不能太纤细烦琐、注重线条间粗细疏密变化、有显著的体面关系。一般不采用斜线，避免产生不稳定感。可采用花式线获得特殊的装饰效果。花线条组合以几何形、花草纹样、变化图案等组合成条子形态。其特点为内容丰富、活泼富有变化。刚中有柔、静中有动。几何形花条子表现为沉静明快。花草形花条子表现为轻松活泼。图4-2-20所示为花草形花条子图案。变化图案花条子表现为端庄雅致。

其形式结构既有工整严谨、条型明显的，也有自由潇洒、条型含蓄的；既有灵秀的细条型，也有气势流畅的宽条型。

（2）几何形连续图案。以一个或数个几何形体作为循环单位，向上下左右连续，构成一种几何骨架，在此骨架内安排图案。

① 种类。方格形、菱形、鱼鳞形、波浪形、缠枝形等。

② 特点。表现形式多样、变化无穷，骨架与纹样配合出各具特色的图案。

图 4-2-20　花草形花条子图案

③ 布局。一般为满地布局，结构紧凑平稳、花纹匀称，主题鲜明、节奏感强，适合于大面积的窗帘和帷幔。

（3）散点图案。

① 特点。自由灵活，有更多的随意安排穿插的余地，总体效果活泼舒展。

② 题材。几何形、花卉草木和变化图案。

③ 布局。清地、混地和满地均有。

④ 纹样形态。以中型或中型略大为主。若太小、太杂和太多，易产生零乱的感觉。

⑤ 正反结构图案。将一个单独散点纹样转 180°，形成纹样形态相同、方向相反的一正一反两个纹样。

⑥ 几何形连缀结构。以简洁或抽象的几何线条、形体连缀组合。

**2. 二方连续形式**

（1）二方连续挂帷织物图案的特点。一般为横向边饰纹样，花纹密集于底部，下重上轻，下实上虚，下密上疏，形成具有空间层次和节奏变化的横条形图案。运用于经编和阔幅印花。

（2）题材。树木、花草、景物。以及醒目简洁的几何形体或变化图案。

**（三）图案的加工**

色织、提花、印花、提花加印花、烂花、轧花、剪花和绣花等。

**（四）与艺术主基调相适应的图案与色彩特征**

**1. 古典式**　以古典式为艺术基调的室内装饰挂帷织物采用的图案多为我国传统的民间艺术图案、古老的工艺美术图案，以体现环境的古拙、粗朴和典雅。色彩上采用黑色、木纹色、陶土色、棕色、铁锈色等纯度较低的色彩，体现一种深邃的质感。

**2. 庄重式**　以庄重式为艺术主调的室内设计，挂帷织物的图案要求轮廓分明、线条匀直，多采用规则几何图案、工笔图案。这种规则几何排列而成的图案等能较好地表现出稳定、沉稳、冷静。色彩用中明度和中纯度色，如棕红色、宝蓝色等。

**3. 现代式**　以现代式为艺术主基调的室内装饰，挂帷织物的图案选择要具有浓郁的现代气息，如现代绘画图案、现代雕塑图案、显微摄图案等。色彩应用明快、艳丽的颜色，如红色、蓝色、绿色、月白色、豆绿色等，能体现出一种动感和进取感的现代意识。

**4. 浪漫式** 以浪漫式为艺术主调的室内装饰，挂帷织物的图案色彩要体现一种轻松、置身事外、随心所欲的环境气氛。图案选用花、鸟变形图案，乖巧怪异的几何图案，抽象的写意图案，图案上点、线、面随机组合，色彩宜用多色相组合一种迷幻轻松的心理感觉。如粉红、豆绿、浅紫等。

**5. 写实式** 以自然环境中的色彩为主色，体现自然风光的清雅幽静，有较强的环保意识，如草绿色、蓝色等。

**（五）与使用环境相适应的图案与色彩特征**

**1. 居家用挂帷织物的图案与色彩**

（1）窗帘。窗帘为多层结构。窗纱的图案多是一些花、鸟的镂空纹样，色彩多为高明度的浅色，一般为白色、粉色、淡蓝色等。透帘多用涤印花织物，图案是人们喜欢的梅花、兰花、竹子、菊花等；还有动画图案和几何图案，色彩多用中浅色。内窗帘的色彩要与室内装饰主基调相适应。窗帘的图案与色彩如图4-2-21所示。

图4-2-21　窗帘的图案与色彩

（2）门帘。薄型门帘多用刺绣、机绣的动植物图案，如松柏、仙鹤等，色彩应用粉红色、蓝色、咖啡色、橙色等。厚型门帘则用暗花、轧纹的纯色织物和人造革等，色彩以深色为主。门帘的图案与色彩如图4-2-22所示。

（3）卫生帘。图案以小型碎花图案为主，色彩多用明亮的浅色，以体现明丽、洁净。

**2. 公共场所用挂帷织物的图案与色彩** 公共场所用挂帷织物色彩都为单色，由于使用目的不同，色相不同。舞台用挂帷织物多用枣红色、深绿色、紫色；会议用挂帷织物色彩多用大红色；哀痛悲壮的场所用挂帷织物多为黑色、白色，黑色凝重，白色纯洁。图案用小型同色、暗花、压花、轧纹等。舞台用挂帷织物的色彩如图4-2-23所示。

## 四、挂帷遮饰类纺织品的开发设计特点

目前在挂帷遮饰类纺织品的开发、设计中，强调艺术性、实用性、配套性的有机结合，趋向素净、庄重、主次分明，给人以舒适和高档感。强调突出织物本身的纹织效果、机理变化，强调开发与设计上的"深""变""美"。

"深"指的是高档产品均以深加工、高附加值加工为主，纯纤维制成品创汇高。

"变"指的是产品结构多变，以多种组织、特殊结构适应个性需求及组合配套。

"美"指的是图案设计美观标致，产品包装精美，以满足消费者的心理需求。

图 4-2-22 门帘的图案与色彩

图 4-2-23 舞台用挂帷织物的色彩

## (一) 主要流行趋势

**1. 装饰布方面** 款式趋于典雅大方、简洁明快及更贴近自然的风格，规格一般是整体性较强的 2.80m 高度幅宽的面料；质地仍以自然取材的棉质、麻质及丝质为主；颜色方面，典雅温馨的米黄色、洁白靓丽的米白色、清新爽淡的果绿色、豪华大方的玫瑰红色以及庄重古朴的浅棕色仍为市场的主流色彩，而在颜色搭配方面仍以素色为主、适当的插色为辅；图案更趋于暗花（通过提花方式而成的花纹）、绣花为主，强调丰富但是不复杂、简洁而又不简单的图案效果，较为大方的竖纹大花、较为细腻的小碎花及几何图案仍是人们青睐的对象；在面料功能上，较上档次的布料所使用的染料更讲究使用环保无污染的原料。

**2. 窗帘原料** 品种广泛，变化多样，有涤纶丝、空气变形丝、包芯纱、醋酸丝、锦纶丝。纯棉窗帘比化纤窗帘价格高约 20%。

**3. 后整理** 全棉、棉化纤混纺或化纤窗帘都要有弹性，产品采用不同的涂层整理，有阻燃整理、防污整理和抗静电整理等。

**4. 窗纱方面** 一改以往的以白色为主调、以化纤为主材料、花样较为单一的特点，米黄色、黄色、浅棕色的窗纱，因为可与装饰布颜色及居家装饰风格较为协调一致而倍受关注；在质地取材上也是以亚麻、棉麻混纺等天然材料为主；图案花型方面，较为流行的横向花纹、提花和镂空的花型及利用编制过程结构的适当调整而成的图案也将成为居家的最爱；而在规格上，因窗纱大多数与装饰布配套使用，所以也仍以高度 2.00m 幅宽为主。

**5. 窗帘的设计** 既追求新颖的款式，又考虑使用效果。在夏天起反光隔热降温作用，它能阻挡 60% 的紫外线辐射能及太阳热能，在冬天起到吸热保温节能作用。窗帘的设计应考虑室内装饰织物配套原则，先是根据墙饰的花纹和色泽配上和谐的花色，再考虑与床上用品、沙发布、台布等相配套，最后还要注意房间内家具的配套以及地毯花色相协调等。

**（二）产品设计**

**1. 原料设计** 原料、组织、密度是家用纺织品材料形成的三大要素，而组织结构是构成家用纺织品的主体构件，不同的组织结构具有不同的外观及内在特征。组织结构的设计效果决定了家纺产品的价值、风格、寿命、档次、销售及市场占有份额等。

**2. 织物设计** 主要有色经色纬排列设计、上机图设计、织物规格设计（经密、纬密）。

**3. 成品工艺流程设计** 分为纺纱工艺流程、染织工艺流程、后整理工艺流程。

**五、挂帷遮饰类纺织品的测试指标和常用规格**

**（一）织物性能测试**

**1. 织物的悬垂性测试**

（1）测试指标。悬垂性。织物在自然悬挂时因自重下垂的程度及形态称为悬垂性，它是衡量纺织品柔软性能的指标，通常用悬垂系数来表示。悬垂系数是试样下垂部分的投影面积与其原面积之比的百分率。

（2）检测标准。FZ/T 01045—1996《织物悬垂性试验方法》。

（3）检测原理。将规定的圆形试样水平置于圆形夹持盘间，让其自由悬垂，用与水平面相垂直的平行光线照射，得到试样悬垂时的投影图，通过光电转换计算或描图计算求得悬垂系数。

织物越柔软，悬垂系数越小，其悬垂性就越好。当织物组织不同，经纱原料相同时，平均浮长越长的组织由于织物密度增加其悬垂性略有降低。如果密度相同，组织循环大、平均浮长长的组织织成的织物手感柔软，悬垂性好。

**2. 织物的抗皱性能测试** 当织物组织不同，经纱原料相同时，急弹性和缓弹性回复率随着织物组织的平均浮长的增加而增大，即组织循环大的组织织成的织物抗皱性较好，其原因是平均浮长长的组织的纱线滑移性好。

织物的组织结构和紧密程度对其折皱有影响，组织结构松弛、紧度小的织物折皱性好。

**3. 织物的光泽性测试** 织物的光泽性随着织物紧度的减小随之增大，因为织物紧度小，则织物结构松弛，纱线的正反射光线增多，漫反射光线减小，织物的光泽性就好。其中斜纹组织浮线较长，且排列整齐时所形成的反带连续，即反射光线大部分沿某一方向反射，漫反射光线减少，因而织物光泽好。

**4. 织物的耐晒性能测试**

（1）测试指标。耐光色牢度。

（2）检测标准。以氙弧光为人造光源对试样进行照射，测验试样的耐光照色牢度。GB/T 8427—1998《纺织品色牢度试验耐人造光色牢度：氙弧》。

（3）检测原理。织品试样与一组蓝色羊毛标准样一起在人造光源下按规定条件暴晒，然后将试样与蓝色羊毛标准样进行变色对比，评定其色牢度。对白色纺织品，是将试样的白度变化与蓝色羊毛标准对比，评定色牢度。

耐晒性能要求具有耐光、抗老化和一定的色牢度。

**5. 织物的耐洗涤性测试**　耐洗涤性能可用以下三个指标进行检测。

（1）耐洗色牢度。洗涤时纺织品在一定温度的洗涤液中洗涤，由于洗涤液的作用，染料会从纺织品上脱落，最终使纺织品原本的颜色发生变化，这称作变色。同时进入洗涤液的染料又会沾染其他纺织品，亦会使其他纺织品的颜色产生变化，这称作沾色。

① 检测标准。GB/T 3921.1~5—1997《纺织品　色牢度试验　耐洗色牢度：试验1~试验5》。

② 检测原理。耐洗色牢度试验是将纺织品试样与一块或两块规定的贴衬织物贴合，放于皂液中，在规定的时间和温度条件下，经机械搅拌，再经冲洗、干燥。用灰色样卡评定试样的变色和贴衬织物的沾色。耐洗色牢度共有五个试验方法，主要区别在于试验温度和时间不同，其他皆基本相同。

（2）水洗后尺寸变化的测定。洗涤后原来的尺寸发生变化，以前称收缩率，但实际并不全是收缩，有时尺寸还会伸长，所以现在基本上都称为洗涤后尺寸变化率或洗涤后尺寸变化，用正数表示伸长，用负数表示收缩，经（纵）纬（横）向分别表示。

① 检测标准。GB/T 8629—2001《纺织品试验用家庭洗涤和干燥程序》。

② 检测原理。检测水洗尺寸变化与检测干洗尺寸变化的原理基本相同。将单件家用纺织品或家用纺织品面料在规定温湿度条件下进行调湿平衡，在其正面用不会洗脱的方式分经纬向做数组标记，精确测量标记间的距离并记录（称为初始尺寸），将经过标记的试样进行洗涤、干燥后，在规定温湿度条件下进行调湿平衡，再一次精确测量标记间的距离并记录（称为处理后尺寸），计算试样的尺寸变化率。

（3）洗后外观变化检测。洗涤后除有尺寸变化外还有着外观变化而影响使用、装饰效果的问题，所以还应该进行洗后外观变化的检测。洗后外观变化主要包括两个方面，其一是色的变化，即洗涤前后产生了明显的色差，这主要是耐洗色牢度的问题，在耐洗色牢度试验上已经予以考虑，但有时也会检测洗后外观的总体色差；其二是形的变化，目前能进行考核的主要反映在面料的平挺度、褶裥保持性、接缝外观，有的绒类产品（如静电植绒）还要考虑表面绒毛的脱落程度等。

① 检测标准。GB/T 13769—1992《纺织品　耐久压烫织物经家庭洗涤和干燥后外观的评定方法》

② 检测原理。试样经受洗涤和干燥程序后（有时是与洗后尺寸变化的试样同时进行或用同一块样），在标准温湿度环境条件下调湿平衡。在规定的光照条件下，将试样与标准样（或标准样照、标准等级的语言描述）进行目测比较，从而确定试样的等级。

**6. 织物的卫生性能测试**　织物的卫生性能一般指的是抗菌性能。抗菌性能测试方法包括定量测试方法和定性测试方法两种。

（1）定量测试方法。定量测试方法的程序为：织物的消毒—接种测试菌—菌培养—对残留的菌落计数。适用于非溶出型抗菌整理织物的抗菌性能测试，不适用于溶出型抗菌整理织物。优点是定量、准确、客观，缺点是时间长、费用高。目前主要使用定量测试方法的有我国纺织行业标准 FZ/T 01021—1992《织物抗菌性能试验方法》

（2）定性测试方法。定性测试方法包括在织物上接种测试菌和用眼观察织物上微生物生长情况两个程序。它是基于离开纤维进入培养基的抗菌剂活性，一般适用于溶出型抗菌卫生整理，但不适用于耐洗涤抗菌卫生整理。优点是费用低，速度快；缺点是不能定量测试抗菌活性，结果不精确。

**（二）常用规格**

国际流行的窗帘规格：122cm、137cm、152cm、254cm、300cm 等，薄型窗帘采用阔幅片梭织机织造，中厚型窗帘采用剑杆织机织造。

英国窗帘的品种及规格如下。

**1. 罗纹丝窗帘**　原料为腈纶 40%、棉 40%、黏胶纤维 20%。

**2. 保暖衬里丝绒窗帘**　面料为 100%锦纶，里衬为 65%黏胶纤维、35%涤纶，产品规格为 137cm×117cm、137cm×168cm、183cm×117cm、183cm×168cm、229cm×117cm、229cm×168cm、108cm×117cm、108cm×168cm、137cm×229cm、137cm×229cm、229cm×229cm、108cm×229cm 等。

**3. 窗帘的面料**　有缎光整理印花棉布、厚重黏胶纤维印花布、粗条纹涤棉布、厚重印花布、双宫茧锦缎、抗皱整理平绒，有 50 余种颜色。

美国花边窗帘规格为：152cm×213cm、152cm×228cm、122cm×122cm 等。

国内窗帘规格一般为：门幅为 150~300cm，织物密度为 200~300g/m² 不等。

## 六、挂帷遮饰类纺织品的新产品开发

**（一）调温型窗帘**

调温型窗帘的主要功能是能调节室内温度，其主要生产方式如下。

**1. 织物进行真空镀铝**　这类织物在使用过程中能将太阳光的辐射热反射回 70%左右，能有效地降低夏季的室温，冬季又可防止室内热量向外辐射散热。

**2. 在织物生产过程中放入特种物质**　在保温窗帘布中放入芒硝微胶囊，织物吸收太阳热能，以提高室温。

**3. 在织物上涂覆能吸收太阳红外线的物质**　这种窗帘又称为太阳能窗帘，这种涂层物质能吸收太阳中的红外线能量，将红外线能转化成热能。

**（二）环境净化型窗帘**

**1. 卫生整理窗帘**　对织物进行抗菌整理，能有效杀灭各种细菌和微生物。具有抗菌防臭和杀灭害虫的功能。

**2. 香味窗帘**　在挂帷织物上进行加香处理，香味可以净化空气，使人头脑清醒，提高工作效率。

### （三）特种功能窗帘

**1. 隔声窗帘**　由一系列长条隔声薄片组成，在窗帘两面之间形成通道，由于薄片的透光性能好，此窗帘既隔声又不影响光线，有较强的实用价值。

**2. 泡沫膜遮光窗帘**　这种窗帘是在织物上涂以 0.2～0.3mm 的泡沫状树脂薄膜，具有耐风吹、日晒、雨淋和隔声的特点。

**3. 天气预报窗帘**　窗帘的颜色随着空气的相对湿度而变化，人们根据窗帘颜色的变化，判断大雨即将来临，或是阴天即将放晴。

**4. 其他功能的窗帘**　随着化学工业的合成纤维科学的发展，各种纺织原料和化学涂层材料的出现，为开发具有特种功能的挂帷织物开辟了广阔的前景。

变色窗帘即是利用光导纤维的特性，使窗帘可以随着室外的阳光强弱而调节室内的明暗程度，给人形成一个光照适度的生活空间。

透外境窗帘，其性能近似汽车上粘贴的玻璃薄膜，从室内向外看，景色很清楚，但从室外是看不见室内的，它是从真空镀铝的方法处理涤纶布制成的。

# 第三节　床上用品类纺织品

床上用纺织品包括床单、床罩、枕套、被子、毯子、床垫套等。在装饰用纺织品中比例最大。作为家用纺织品中的一个不可或缺的大类，床上用品是室内设计中不可忽视的重要元素。

## 一、床上用纺织品的分类

床上用纺织品按照品种分为床单、被褥、巾毯、床罩和枕套等。

### （一）床单

床单大多为纯棉织物，有双人床单、单人床单之分，尺寸也有多种规格。

国外床单的规格有 152cm×254cm、178cm×254cm、203cm×254cm、229cm×254cm、254cm×274cm 等。国内床单的规格则大多为 200cm×220cm、150cm×220cm（单人），现在也逐步向宽大的方向发展。

床单按花色品种分有素色、染色、条格色织、印花四大类。

素色床单在宾馆、医院、交通卧具等社会公共事业机构应用很普遍，大部分为全白纯棉细纺平布，给人以朴实洁净之感。纯棉织物可进行煮沸消毒，使其符合公用卧具的卫生标准。

染色和条格色织床单是大众化的床单品种，简朴大方，为一般家庭日常床上所用，图 4-3-1 为条格色织床单。

印花床单是床单中形式变化较多的床单，图 4-3-2 为印花床单。

### （二）被褥

被褥在床上一盖一垫，以松软而有弹性的填充材料为衬芯，外面套以织物外套，具有

图 4-3-1　条格色织床单　　　　　　　　　图 4-3-2　印花床单

保暖、舒适的特性。

**1. 传统被子**　传统被子是由被里、被面和衬芯被胎缝合而成，由于被面的质地、花纹、色彩很有特色，放置于床上装饰效果十分强烈。如今被罩的使用越来越多，对被面的品种和花色降低了要求，以被罩的花型、质感来展示被子的特色。其中被面有真丝软缎、单丝软缎、织锦缎、古香缎、绣花、印花缎、尼龙软缎与线绨。

（1）真丝软缎被面。用富有弹性的真丝与富有光泽的人造丝交织而成，挺括光滑，花纹清晰，图案丰满，色泽艳丽。图 4-3-3 为真丝软缎被面。

（2）单丝软缎被面。比真丝软缎轻而薄，手感较差，但价格较低。

（3）织锦缎被面。用 3 种以上有色人造丝与真丝交织而成，质地比软缎更丰满厚实，花纹图案更丰富多彩，而且立体感强。

（4）古香缎被面。平挺光滑，手感柔软，质地坚固，大多采用栩栩如生、古色古香的人物、鱼鸟、花卉、风景等图案。

（5）绣花被面。在素色软缎上手绣或机绣而成，可分为苏绣、湘绣、蜀绣、粤绣等，做工精细，高贵豪华。

（6）印花缎被面。用真丝与人造丝交织而成，印上的花形图案色彩鲜艳，绸身细洁，光滑度好，手感厚实。

（7）尼龙软缎被面。用锦纶丝和人造丝交织而成，富有弹性、挺括耐磨，但透气性较差，适用于气候干燥的地区。

（8）线绨被面。用人造丝与棉线交织而成，分丝光线与蜡线两种，外观不及软缎，但耐磨、耐洗，价格低廉。

**2. 绗缝被子（踏花被）**　绗缝被子以素色化纤缎纹织物或涤棉印花贡缎为面料，绗缝线迹的形态变化很多，可作任何水平线、垂直线、对角线或曲线的缝纫。该产品质轻保暖、蓬松柔软、富有弹性、保型性好即压后能自然恢复，且可水洗。由于采用了绗缝的手段使其具有不易变形、容易洗涤的优点。图 4-3-4 为绗缝被子。

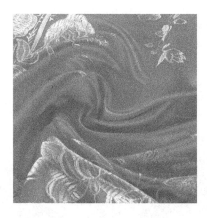

图 4-3-3　真丝软缎被面

图 4-3-4　绗缝被子

（1）喷胶棉。喷胶棉又称喷浆絮棉，是非织造布的一种。喷胶棉结构形成的原理就是将黏合剂喷洒在蓬松的纤维层的两面，由于在喷淋时有一定的压力，以及下部真空吸液时的吸力，所以在纤维层的内部也能渗入黏合剂，喷洒黏合剂后的纤维层再经过烘燥、固化，使纤维间的交接点被粘接，而未被彼此粘接的纤维，仍有相当大的自由度。同时，在三维网状结构中，仍保留有许多容有空气的空隙。因此，纤维层具有多孔性、高蓬松性的保暖作用。

该产品由天然棉纤维、人造纤维或合成纤维经拉松、梳理、喷胶、焙烘固化加工而成。因其具有蓬松、压缩回弹性高，耐干、湿洗涤，且质轻而保暖等性能，已成为加工制造棉服和滑雪衫、太空服和棉被、睡袋等床上用品及某些工业用品的重要材料。

（2）热熔棉。俗称定形棉，是以涤纶和腈纶等为主体原料，以适量的低熔点纤维，如丙纶、乙纶等作热熔黏合剂，经梳理成网和热熔定形，尽管其蓬松性、保暖性和压缩回弹性不如喷胶棉，但是若用双组分纤维加工的热熔棉，其产品质量比喷胶棉更好。

**3. 被罩**　被罩是套在被子外面的装饰品，既可以保护被子不受磨，也便于拆洗。被罩大多为纯棉织物，也有涤棉混纺织物。一般为印花织物，也有素色、染色织物，还有绣花织物。被罩的规格要和被子相配套。图 4-3-5 为印花被罩。

**4. 床笠**　床笠是褥垫或席梦思床垫的外套织物。床笠的规格要和褥垫、席梦思床垫相配套。图 4-3-6 为床笠。

（三）巾毯

巾毯包括毛巾被、毛毯等。

**1. 毛巾被**　毛巾被以纯棉织物为主，大多为凹凸型提花产品，也有提花加印花的织物。由于纯棉纤维原料的良好性能和织造工艺的配合，使毛巾被丰满松软、触感舒适而富于弹性，具有保暖、吸湿、透气等功能。图 4-3-7 为毛巾被。

**2. 毛毯**　毛毯泛指具有绒毛效果的厚型织物，也是床上用纺织品中品种较为丰富的类别之一。由于原料、制织方式、花纹色彩的不同，各种毛毯在外观、质地与性能上也各具特色。图 4-3-8 为毛毯。

图 4-3-5　印花被罩

图 4-3-6　床笠

图 4-3-7　毛巾被

图 4-3-8　毛毯

（1）按原料分类分为全毛毛毯、化纤毛毯、混纺毛毯等。

（2）按生产形式分类分为机织毛毯、簇绒毛毯、经编毛毯等。

（3）按图案分类分为素色毛毯、条格毛毯、提花毛毯和印花毛毯等。

**（四）床罩**

床罩是罩在床上起防尘、装饰作用的纺织品。床罩与其他床上用纺织品相比，其装饰性大于实用性。床罩的种类、规格、款式多种多样。

**1. 床罩品种**　床罩的品种有棉织床罩、丝织床罩、簇绒床罩、绗缝床罩、印花床罩等。

（1）棉织床罩。

（2）丝织床罩。如织锦床罩，色彩瑰丽、图案精细，具有民族特色，是一种高级床罩。

（3）簇绒床罩。用簇绒机将有色纱线固定在底布上。

（4）绗缝床罩。由面料、衬里和填充料（化纤絮片）组合，经缝纫而成薄型被褥床罩，有轻、软、滑的特点。

（5）其他床罩。印花床罩、绣花床罩、泡泡纱床罩、毛巾床罩及手工编织床罩

**2.床罩款式**　床罩款式有松式床罩和紧式床罩两种。

（1）松式床罩。松式床罩是平面形态的织物，罩覆于床上后，织物随床沿自然下垂（图4-3-9）。

（2）紧式床罩。紧式床罩是根据床的尺寸大小缝纫制作的，一般是床上部分平面铺展，床围部分以花边、褶裥、抠绊、饰带等形成裙状装饰（图4-3-10）。

图4-3-9　松式床罩

图4-3-10　紧式床罩

**（五）枕套**

枕套有中式和西式之分，形态与花纹色彩都有较大区别。

**1.中式枕套**　中式枕套呈长方形，一般常见的为纯棉、涤棉织物，大多经绣花加工，如手绣、机绣、贴绣、绒绣等。如图4-3-11所示，图案多为写实风格的花鸟虫草及变化纹样，色彩较艳丽。

**2.西式枕套**　西式枕套一般是方形、长方形，也有一些圆筒形的。枕套面料以纯棉或涤棉印花织物为主，并常采用与床单同质地同花色的织物制作，形成统一配套风格（图4-3-12）。

图4-3-11　中式枕套

图4-3-12　西式枕套

**3. 抱枕** 抱枕的使用越来越多，抱枕的材质、颜色与摆放的方法也开始影响家庭装饰的整体风格。

抱枕的种类很多，若以缝边来区分，可以区分为须边、荷叶边、宽边、内缝边、绳边及发辫边等，不同的缝边能显示出不同的品位。

在冷色调的家居环境中，色彩艳丽的抱枕可以带来非常好的调节作用。

## 二、床上用纺织品的基本功能

### （一）保温功能

床上用纺织品都具有御寒保温的功能。被、褥、枕等形成一个温暖适宜的睡眠空间，人们置身其中能有效地防止体表温度和热量的散失，保持暖和感和睡眠所需的适当温度。

### （二）舒适功能

床上用纺织品的纤维材料如棉、毛、丝绵、羽绒、化纤弹力絮棉等都具有柔和松软的性能与质地，人们睡眠时置身其中会产生良好的触觉感受，可有效地消除疲劳，恢复体力。

### （三）美化功能

床是卧室中的主体，床上用纺织品以其绚丽的色彩和图案，使床的形态更为优美丰满，并形成卧室装饰中的视觉焦点。

## 三、床上用纺织品的性能要求

### （一）保暖性

选用保暖性好的纤维材料织制面料，采用蓬松柔软、回弹性强的絮棉、丝绵、驼毛、羽绒及化纤弹力絮等填充材料衬芯，并使被褥保持一定的厚度。纤维与空气形成集合体，降低了被褥的导热率，从而提高了保暖性。

### （二）吸湿透气性

人处在休息状态下仍会不断有汗液排出体外，这些水分若不能及时通过被褥吸收、透湿、蒸发，则将增加被褥内的湿度，使人感到阴冷和不适。

### （三）回弹性

回弹性包括织物和填充纤维的蓬松度及受压后的回复性能。压缩回弹性主要是指对被褥填充材料而言，压缩回弹性好的填充材料有丝绵、羽绒、羊毛等。化纤类絮状纤维比重轻，蓬松度好，已被逐步用作盖被类的主要填充材料之一。

### （四）舒适性

舒适的基本含义是指适宜的温度和湿度带给人的生理快感，在此意义上的舒适性又称为热舒适性。

在触觉舒适性方面，要求材料不含有物理性和化学性的刺激和致敏物质，与皮肤保持高度的亲和性。

（五）卫生安全功能

**1.阻燃性能**　随着社会发展和城市化的进程，城市中的高层建筑也越来越多，人们对床上用品阻燃性能也越来越重视。据国外调查，50%的火灾是由纺织品引起的，其中床上用品为主要原因之一。所谓阻燃床上用品并不是经过阻燃整理后或阻燃纤维织成床上用品不能燃烧，而是在火灾过程中尽可能降低可燃性，减缓蔓延速度，不形成大面积火焰，或离开火焰后，很快熄灭，不再续燃和阴燃。

**2.防螨性能**　螨虫是一种对人体健康十分有害的生物，能够传播病毒、细菌，可引起哮喘和各种炎症等多种疾病。床上用品中的棉被、床垫和枕垫类是螨虫最喜欢藏匿的地方，主要原因是床上用品提供合适的温湿度和食物。随着人们生活水平的提高，人们更加注重家居生活环境，床上用品的防螨性能得到逐步重视。床上用品的防螨效果主要通过两种途径，分别为化学加工法和物理加工法，化学加工法主要采用防螨整理剂的后整理法或将防螨整理剂添加到成纤聚合物中，经纺丝后制成防螨纤维；物理加工法采用纺织品高密度法，提高纺织品织物密度防止螨虫通过。

**3.防霉性能**　空气中飘浮着大量的霉菌，在遇到合适的温湿度的条件下，会大量地繁殖，引起床上用品发生霉变，特别是床垫，由于清洗晾晒不便，较容易发霉。一些霉菌会引起各种炎症和呼吸道感染等疾病，危害人体健康，同时也会产生难以忍受的异味和酶变引起污染难以去除污物，只能丢弃，造成浪费。由于床上用品属于与人体密切接触的产品，防霉性能也越来越受到人们的重视。

（六）保健功能

**1.抗菌性能**　在睡眠的过程中，身体会散发汗液、脱落皮脂以及其他人体各种分泌物，这些成为一些细菌、真菌的营养源，在合适温湿度的条件下，会大量繁殖，不仅会产生难闻的异味，更会通过间接的方式传播各种疾病，如在医院、宾馆等公共场所容易引起的交叉感染，严重威胁人们身体健康安全。抗菌床上用品不但可以截断致病菌的途径，而且可以阻止各种致病菌的繁殖，预防皮炎和其他疾病。抗菌纺织品加工方法通常有纺丝法和后整理法。

**2.远红外功能**　远红外线是一种波长范围在 $2.5 \sim 1000 \mu m$ 的电磁波。远红外纺织品是一种在成纤高聚物和印染后浆料里添加远红外发射体（如金属氧化物、金属碳化物等），使其具备远红外的功能；另一种是采用具有远红外功能的天然或种植的纤维材料制成的纺织品，如麻类、草类的远红外织物。远红外功能作用机理为远红外纺织品吸收来自人体的红外波能量，反馈给人体，提高皮肤温度，达到蓄热作用，被皮肤吸收的热量可以通过介质传递和血液循环，使热能达到机体组织，达到保暖和保健功能。

**3.磁功能**　近年具有磁功能的床上用品比较流行，如磁疗枕头、磁疗被子和磁疗床垫等，宣称可以抗炎、消肿、降压，改善血液黏稠度及微循环等效果。磁功能纺织品早期是通过将磁条、磁片和磁粒缝制在纺织品上制得的，而随着科技发展出现了磁性纤维，通过直接纺丝制成磁性纤维或者通过基体纤维的化学、物理改性制备。

### 四、床上用纺织品的图案与色彩

#### （一）床单

**1. 中式床单**　图案为四角一中布局，如图4-3-13所示。

**2. 西式床单**　四方连续格局、花纹均匀分布。图案以花卉和几何图案为主（图4-3-14）。

图4-3-13　中式床单的图案与色彩　　　　　图4-3-14　西式床单的图案与色彩

#### （二）被面

被面纹样有龙凤、花鸟、鱼虫等。花型布局有独花型和散花型。色彩有单色、双色、多色等种类。其图案与色彩如图4-3-15所示。

#### （三）毛毯

毛毯纹样以花草为主。以满地、对称形式进行布局。色彩较简洁，有紫红、浅棕、驼色等。其图案和色彩如图4-3-16所示。

图4-3-15　被面的图案与色彩　　　　　　　图4-3-16　毛毯的图案与色彩

#### （四）床罩

**1. 织锦床罩**　传统丝织物的风格。其图案和色彩如图4-3-17所示。

**2. 绗缝床罩** 满地花、色彩简洁、浅色为主。其图案和色彩如图 4-3-18 所示。

图 4-3-17 织锦床罩的图案与色彩

图 4-3-18 绗缝床罩的图案与色彩

### 五、床上用纺织品的生产技术

床上用品是家用纺织品的重要组成部分，现代的床上用品已是一个全新的概念，从过去的铺铺盖盖等实用功能，逐渐向装饰、美化、保健等多功能方面发展。各式各样、各种档次系列的床上用品琳琅满目，已成为美化家居、增加文化内涵的家居装饰品。同时由于国外装饰用品的消费需求量很大，促使床上用品出口迅速发展。

**1. 原料的使用** 国内消费者对传统的棉产品十分青睐，而物美价廉且实用的涤棉床上用品在国际市场经久不衰而成为经典，甚至高级豪华床上用品的面料设计也大量使用低比例的涤棉混纺或交织面料。国内床上用品面料以纯棉类为主。棉纤维及其织物吸湿透气性好、不易霉变虫蛀及染色性能好、柔软舒适无静电，因此，成为人们衣被的首选产品，其缺点是缩水率大，容易起皱。

涤纶、涤棉类产品的比例逐年下降。此类面料易起毛起球，吸湿透气性差，手感僵硬，给消费者留下了低档劣质的坏印象，近两年在国内已基本失去市场。但在出口产品中，涤/棉类产品占据床上用品面料的半壁江山。

床上用品面料的另一个趋势是新型原料的广泛运用。麻纤维具有吸湿性好、吸湿放湿快、透气性好等优点，但手感较硬，贴身有刺痒感。使用改性麻纤维（如利用生物酶降解作用）或与人造棉混纺等可使产品手感柔顺舒爽，质地轻薄透气，既抗静电又凉快。彩棉面料是完全的"绿色产品"，手感好，柔软舒适，有防霉止痒、防静电的功效，经抗皱处理后，可改良水洗和起皱变形的性能。竹纤维手感柔软、透气性好、凉爽舒适、光泽亮丽，织物耐磨、悬垂性好，具有较好的天然抗菌效果。因此，竹纤维产品以其功能明显和大众化的优势，基本取代了曾在夏季家纺产品中独领风骚的亚麻凉席。

**2. 面料结构的特点**

（1）纱线捻度。在保证纱线强力达标、条干均匀的前提下，织物经纬纱相同时，较小的捻度可以使织物更加柔软、光泽度更好，特别在选用埃及棉、长绒棉为原料时，可以选取比普通棉纤维更小的捻系数，以制造手感特别柔软、亮丽的高级床上用品。

（2）织物组织。平纹及其变化组织在床上用品面料中被普遍采用，相同纱支、经纬密，采用平纹组织，布面相对平整、结实；其特点是与平纹相比手感较柔软，光泽较好；缎纹及其变化组织织物手感比斜纹更柔软，光泽更好。

（3）纱支密度与幅宽。高支高密织物在发达国家已大量生产销售，如平纹质地的大提花、格子类特阔高支高密床上用品，有防渗透、抗皱、免烫的特点。织物素雅，质地平滑且有弹性，用特阔喷气织机、剑杆织机织造，出口量很大。

**3. 面料的深加工情况** 从市场消费态势看，人们对床上用品功能的追求将由保暖型向保健型过渡。在面料上，先进染色技术与功能性整理的结合，使床上用品兼具抗菌、抗静电、防皱、防螨、环保等功能。尤其是防螨功能，与市场上大行其道的化学防螨产品形成鲜明对比的是，物理防螨满足了时下消费者所大力追求的健康要求。此外，防缩、防油污、防霉蛀、防水透气、柔软、弹性等功能仍然是整理的基本范围。

## 六、床上用纺织品的测试指标

### （一）保暖性测试

热量传递的最基本的方式有热传导、热对流和热辐射三种。织物热传递的客观形式：大部分热通过纤维传导；一部分热通过织物中纤维间空气的微弱对流进行传递；还有一部分热以辐射进行传递。当人体表面存在汗液蒸发时，人体散热还包括由于汗液蒸发、扩散的热量传递。目前的评价指标有导热系数、保暖率和克罗值。

**1. 织物的导热系数** 织物的热传导性能常以织物的导热系数来表征，导热系数是材料的热物理参数，数值上等于单位温度梯度下的热通量，它与材料的种类、形态、组成以及温度等因素有关。材料的导热系数大，同样条件下传热速度快，反之传热速度慢。

织物导热性能的好坏，对御寒起着重要的作用。织物的导热能力是由组成织物的纤维及织物中的空气共同贡献的结果。

**2. 保暖率** 为了表征织物的导热性能，更多地采用了保暖率指标。

$$Q = (1-Q_2/Q_1) \times 100\%$$

式中：$Q$——保暖率，%；

$Q_1$——无试样散热量；

$Q_2$——有试样散热量。

**3. 克罗值** 在室温 21℃、相对湿度小于 50%、气流为 0.1m/s（无风）的条件下，试穿者静止不动，其基础代谢为 58.15W/m²，感觉舒服并维持其体表温度为 33℃时，此时所穿服装的保温值为 1 克罗值。

### （二）透湿透气性测试

**1. 透湿性**

（1）定义。指织物透过水汽的性能。

（2）透湿量。在织物两面分别存在恒定的水蒸气压的条件下，规定时间内通过单位面积织物的水蒸气质量，以该条件下的 g/（m²·h）表示。

**2. 透气性**

（1）定义。是指当织物两侧存在压差时，空气从织物的气孔透过的性能，织物的透气性能常用透气量来表示。

（2）透气量。指在织物两边维持一定压力差 $P$ 的条件下，单位时间内通过单位面积的空气量。

**（三）回弹性测试**

**1. 压缩回复率**　试样在一定的时间和压力作用下，其厚度产生受压压缩，去掉负荷，回弹回复，测定其不同压力时的厚度值，以计算试样的压缩性能和回复性能。

$$压缩率 = （H_0-H_1）/H_0×100\%$$

$$回复率 = （H_2-H_1）/（H_0-H_1）×100\%$$

式中：$H_0$——2kg 压力，取消压力，放置。反复若干次后的平均厚度。

　　　$H_1$——4kg 压力的平均厚度。

　　　$H_2$——4kg 压力，取消压力，放置后的平均厚度。

**2. 蓬松度**　蓬松度指单位质量试样具有的表观体积。为试样的面积与表观厚度的乘积。测试方法按 FZ/T 64003—1993 执行。

$$蓬松度 = 20×20H_0/10W$$

式中：$H_0$——2kg 压力，取消压力，放置。反复若干次后的平均厚度。

　　　$W$——20cm×20cm 试样质量。

**（四）舒适性测试**

织物舒适性一般用致敏性和触感舒适性两个指标来测试。

**1. 致敏性**　织物中的某种致敏性物质能使少数体质敏感的人产生过敏，如皮炎、哮喘等病态反应。织物的致敏性一部分源于化学纤维，多数情况下则是由于织物内部含有一定量的致敏化学物质。其中比较典型的有：染料（深色织物中的含量约为 25%）、荧光增白剂（白色织物中含有 0.1%）、免烫整理交联剂和柔软剂（含 2.5%）、甲醛、媒染剂、漂白用氯化物。由于过敏反应基本上是接触性的，因此，尽可能避免使用深色、漂白、特殊整理织物以及化纤织物。

**2. 触感舒适性**　织物不仅能够有效地调节温湿度，体现热舒适性，还应该保证触觉的舒适。在身体接触方面，具有良好触感舒适性的织物，应该是既柔软、适体、轻便，又无刺痒、冰凉、压迫感以及其他不良接触反应，同时，吸湿透气性能良好。

理想的情况是在人体排汗较多时，织物不会因汗湿而紧贴人体，如手感爽挺的麻型织物以及布面起皱或凹凸的织物；更为典型的是一种双层结构的织物，其反面为不吸湿的渗透层，正面为吸水、排湿良好的蒸发层，这种织物可使汗水顺利排出，使人感觉干爽舒适。

### （五）安全性能测试

**1. pH** 纺织品染色以及整理过程中会产生酸碱度的变化，因此，纺织品在后整理中必须进行酸碱中和处理，如果中和处理不充分，就会导致产品偏酸或者碱性，从而导致 pH 达不到国家相关标准的要求。

**2. 甲醛含量** 为了达到防皱、防缩、阻燃等作用，或为了保护印花、染色的耐久性，就需要在助剂中添加甲醛，同时甲醛含量是影响人体健康的重要指标。甲醛含量超标会使人的喉咙不舒服、咳嗽哮喘，使皮肤过敏、异常出汗、容易疲劳失眠、抑郁、免疫力下降等。

床上用品甲醛含量不合格的原因主要是两个方面：一是企业为降低成本，使用了价格低廉、甲醛含量过高的整理剂；二是加工过程中后处理不充分，导致产品中甲醛残留过多。

**3. 可分解致癌芳香胺染料** 可分解致癌芳香胺染料是影响人体健康的重要安全指示，含有可分解致癌芳香胺染料的产品在与人体的长期接触中，如果染料被皮肤吸收，会在人体内扩散，在人体正常代谢所发生的生化反应条件下，可能发生还原反应而分解出致癌芳香胺，引起人体病变和诱发癌症，且潜伏期可以长达 20 年。可分解致癌芳香胺染料不合格的原因主要是企业为了降低成本，使用低成本的可分解致癌芳香胺染料。

**4. 染色牢度** 染色牢度的优劣直接影响产品美观和身体健康，染色牢度不合格的床上用品，在使用过程中，染料易脱落污染浅色衣物或者沾染人体皮肤上，脱落的染料分子或者染料中的重金属离子可能通过皮肤被人体吸收，影响消费者健康。染色牢度不合格的原因主要是产品染色时染料选用不当或者使用了劣质的染料，以及染色后水洗不充分或者后整理不到位等。

### （六）其他性能指标

**1. 纤维成分含量** 纤维成分含量是服装所用原料的明示标注，纤维成分含量是否名副其实直接影响消费者的权益。纤维成分含量不仅会影响产品的各项物理性能和尺寸稳定，更会直接影响产品的舒适性。

**2. 断裂强力** 断裂强力是反映纺织产品耐用性的重要指标。断裂强力不合格的床上用品容易破损，耐用性较差。断裂强力过低的原因，一是织造用纱线的单纱强力过低；二是面料组织结构稀薄，经纬密度偏低；三是产品面料加工或者储存方法不对，造成面料强力损失过多。

**3. 水洗尺寸变化率** 水洗尺寸变化率不合格，会影响产品的使用，如被套或枕套产品，若缩水过多，会造成与原来的被芯或者枕芯尺寸不合。水洗尺寸变化率不合格的原因：一是坯布在加工过程中没有经过预缩整理；二是在后整理过程中，张力控制不当。

## 七、床上用纺织品的新产品开发

随着科学技术的不断进步，一些新型床单不断出现，如免烫床单、抗菌床单、非织造床单等。

**1. 免烫床单** 天然纤维床单透气、透湿、舒适，但洗后缩水率大、折皱严重。通过对织物进行后整理，能够赋予织物良好的平滑性和抗折皱保持性；洗后免烫；良好的防缩性能；提高色牢度，减少起毛及表面变形。

**2. 抗菌床单**

（1）天然抗菌床单。由天然纯竹原纤维构成。由于天然竹纤维具有吸湿性、透气性好，凉爽舒适，并具有抗菌防霉作用。

（2）人造抗菌纤维床单。由黏胶托玛琳纤维纺织的织物构成。由于黏胶托玛琳纤维是由天然托玛琳宝石经超细粉末加工成纤维，该纤维与人体接触能产生远红外和负离子，可以改善人体血液循环、增加表皮细胞活力，防止皮肤老化，因而该产品具有抗菌凉爽保健功效。

（3）防螨抗菌床品。经过防螨抗菌整理技术处理的床品，螨虫驱避率达99%以上，抑菌率达99%，有效地抑制螨虫和有害菌的滋生，对防止哮喘病等呼吸道疾病有积极的作用。促进微循环，提高人体免疫力。

**3. 非织造床单** 该床单采用非织造布材料制造，采用成本低廉、柔软性好的非织造布材料，可广泛用于各种用即弃的一次性床单。安全卫生，防止细菌感染。适用于医院、宾馆、饭店、火车卧铺和家庭。

另外，最新研究表明，现代床上用品被赋予了一些新的功能。

床单：日本发明了一种离子静电床单，长期失眠者体内调节功能失调，酸性血液加重时，可使机体中血液酸碱性恢复正常，使人正常入睡。

被子：日本研制出一种用氨基甲酸乙酯制成的被子，表面是凸点软颗粒，盖在身上利于血液循环，被子内絮有圆筒网状结构的特殊合成树脂，并塞有治疗肩脚酸痛的磁石，既能治病又能使人入眠。

枕头：日本设计了一种在枕芯上安装永久性磁铁，不断发出电磁波，对头、眼、呼吸系统有松弛作用的枕头，其外形呈半个葫芦形，内部分三层，第一层有许多凸起硬粒，对头部起到按摩效果；第二层是吸热、吸湿性能甚佳的椰子纤维；最内层是弹簧，可让头部轻松舒适。

# 第四节 家具覆饰类纺织品

## 一、家具覆饰类纺织品的定义

家具覆饰类纺织品指的是覆盖于家具之上的织物，具有保护和装饰双重作用。主要有沙发布、沙发套、椅垫、椅套、台布、台毯等。此外，还有用于公共运输工具如汽车、火车、飞机上的椅套与坐垫织物。

此类产品大多以棉、麻、黏胶纤维为原料制织。近年来，由于化纤工业的迅速发展，众多的化纤原料如涤纶、锦纶、腈纶、丙纶等大量应用于提花家具覆饰类装饰织物的生产中，使提花家具覆饰类装饰织物的外观风格有了一定的变化。

## 二、家具覆饰类纺织品的分类

### （一）按品种分类

家具覆饰类纺织品按品种主要分为三种产品：家具布、坐垫靠垫、台布台毯。

**1. 家具布**  家具布指的是用于沙发、座椅等的蒙盖面料，如沙发套、椅子套等。采用花式纱线或摩擦系数较大的织物。如图4-4-1所示为沙发套，如图4-4-2所示为椅子套。

图4-4-1  沙发套　　　　　　　　　　　　图4-4-2  椅子套

**2. 坐垫、靠垫**  坐垫或靠垫可以缓解身体某个部位的疲劳和紧张感，保持坐姿或靠姿的舒适性，坐垫、靠垫内的衬芯大多为蓬松而有弹性的纤维材料或泡沫海绵，给人以柔软温暖的感觉和舒适的享受。如图4-4-3所示为坐垫，如图4-4-4所示为靠垫。

图4-4-3  坐垫　　　　　　　　　　　　　图4-4-4  靠垫

坐垫、靠垫的款式以方形为多，也有圆形、长方形、心形等。规格一般在35cm×35cm到55cm×55cm之间，45cm×45cm大小的最为普遍。质地有丝织、印花和素色丝绒等，此外，还有一些工艺品坐垫、靠垫。

**3. 台布台毯**  可分为固定式和活套式两种。

固定式：利用钉、缝、粘等方式，将织物固定在家具框架或表面上。

活套式：可更换的套用织物。

目前使用较多的台布有织锦台毯、印花与色织台布、非织造台布、工艺台布等。

（1）织锦台毯。五彩织锦台毯是以真丝、人造丝为原料，采用重组织制织的台毯，一般为锦缎地上显现花卉、虫鸟、风景等图案，花纹绚丽多彩。织锦台毯一般以长方形、正方形为主，也有圆形的。如图4-4-5所示为织锦台毯。

（2）印花与色织台布。印花与色织台布集装饰性与实用性为一体，具有适应范围广、产品价格低廉的特点，是旅馆、餐厅和一般家庭中普遍使用的家具覆饰类纺织品。如图4-4-6所示为印花台布。

图4-4-5　织锦台毯　　　　　　　　　　图4-4-6　印花台布

（3）非织造台布。非织造台布是台布家族中新品种，近年来发展很快，一种是水刺涤纶非织造台布，由涤纶丝按预定的花型形成平面型结构，这种台布具有一般纺织品的柔软手感和悬垂性，尺寸稳定较好，并有抗皱与保形回复性能，还有湿法成网的针刺非织造台布、涤纶和黏胶纤维混纺的针刺非织造台布，这两种台布在美国使用较多。

（4）工艺台布。工艺台布的品种很多，如抽纱台布和缕纱台布大多为手工编织，精细严谨，风格独特。

① 抽纱台布。如图4-4-7所示，抽纱是刺绣的一种，以亚麻布或棉布为原料，根据图案设计抽取一定数量的经纱与纬纱，然后用不同针法加以连缀，形成透空的装饰花纹。它继承了我国民间手工艺术的优良传统，吸收了手绣的刁扣、抽拉、钩针贴补、镶拼等工艺的精华，并发展了喷花、贴缎、烫洞的新工艺。抽纱台布可以分为勾花台布、贴花台布、镂花台布等。产品要求绣工精湛，构图新颖，色彩素雅，花样繁多。这类产品使用于豪华宾馆餐厅，可使宾客赏心悦目。

抽纱台布以亚麻、麻/棉、涤/苎麻、涤棉及全棉为原料，一般先织后绣，使用抽纱台布是除需适当数量的餐巾外，还需要配置盘布、餐巾，盘的色泽、花型与台布要统一。

抽纱台布上绣花的花型以中、小型花为主，也有少量的水果和卡通图案等，其色彩多以素雅的粉色为主。

② 镂纱台布。镂纱是先以纱线制成网底，然后再以各种针法在网底上作花，由于针法的巧妙变化，形成虚实、疏密的花纹。镂纱台布精致华美、层次丰富，一般以单色纱线绣成，如白色、玉色、米灰色、灰色等。镂纱台布由于针法的多变，图案的丰满流畅，使得质朴单纯的色彩显示出含蓄高雅的气质。如图4-4-8所示。

图4-4-7　抽纱台布

图4-4-8　镂纱台布

### （二）按生产方式分类

**1. 非织造织物**　这类覆盖织物多用于家具面板的覆盖和保护，防止器物表面擦伤碰损，防尘防污。如常见的针刺织物、静电植绒织物等。

**2. 针织物**　用于家具覆饰的针织物主要指的是在拉舍尔经编机上生产的一种薄型织物和厚型针织绒类织物。

薄型织物轻薄柔软有弹性，花部网眼清晰均匀，地部紧实平密，织物立体感强，花型变化丰富，装饰效果好。

厚型织物布身紧密厚实，悬垂性与遮光性好，有丝绒华贵感，广泛用于各种家具面罩。

**3. 机织物**　家具覆盖用的机织物种类繁多，用途广泛，从织物外观来看，有素色织物、小花纹织物、大提花织物、印花织物、绒面织物、绒圈织物等。

**4. 刺绣品**　刺绣品花型多变，立体感强，美观大方，属于传统装饰用品，多用于活套类家具覆饰类纺织品。

**5. 复合织物**　随着科技的进步，家具覆盖用的织物日益增多，常见的有新型人造革、合成革以及各种天然皮革。

这类织物的外观形态和性能特征在近年来都有很大的进步，合成革、人造革的仿真效果大大提高，有些酷似天然皮革，属于高档家具的优选面料。

如图4-4-9所示为刺绣台布，如图4-4-10所示为复合织物座椅套。

图4-4-9　刺绣台布

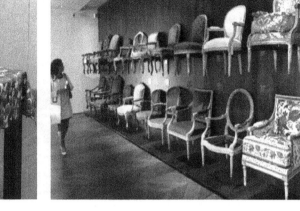

图4-4-10　复合织物座椅套

**（三）按适用场合分类**

**1. 蒙面罩用家具布和小型使用饰品**　这类织物主要是指桌椅、箱柜蒙面罩用材料和有局部实用功能的小型室内装饰品。前者有沙发布、桌椅布、台布台毯、箱柜罩布或贴面布等，后者有各种坐垫、靠垫等。

**2. 家用电器用覆盖织物**　这类织物是指电视机、音响器材、电冰箱、洗衣机、消毒柜等家用电器覆盖布，起到美观防护的作用。如图4-4-11所示为茶几盖布，如图4-4-12所示为钢琴盖布。

图4-4-11　茶几盖布

**（四）按织物外观分**

**1. 绒类织物**　绒类织物表面具有均匀的绒毛，要求织物坚牢耐磨，手感厚实、柔软，

图 4-4-12　钢琴盖布

弹性好，伸长小，织物稳定性好。主要有平绒、灯芯绒、印花绒、经编天鹅绒、金丝绒。

**2. 大提花织物**　提花织物采用色纱提花、花式纱提花、高特纱提花等加工方法，织物厚实抗皱。单色大提花织物有浮雕的效果；大提花织物图案清晰、层次分明、凹凸感强，且具有较好的绒面感和端庄富丽的装饰美感，使用很普遍。

**3. 花式纱线织物**　花式纱线织物是采用竹节纱、疙瘩纱、结子纱、毛圈纱等色彩、结构各异的花式纱线织成的表面凹凸不平、织纹立体感强的中厚型织物。织物色彩深沉柔和，配色雅致。

**4. 粗纺呢织物**　一般采用毛黏、毛锦混纺加工而成，还有混纺花色纱、毛圈纱、结子纱等粗厚花式纱线织物。风格粗犷，高雅华贵，属高档家居装饰织物。

**5. 厚型印花织物**　一般在粗支纱织物上印花，使用的原料最主要的有纯棉、黏棉混纺、涤棉混纺等。品种有直贡缎、斜纹布、粗平布、细帆布、植绒布、提花布等。

印花织物采用深中色满地直接印花，以花卉图案为主，花型偏大，要求简练自然。陪衬小花可组成条形花纹，分布在花型的两侧，多套色，花型变化多样。这类织物色调素净，色调和层次分明，有光泽，颜色以米色、咖啡色、金黄色为主，花卉大致 50~60cm，显现出一种现代、自由、浪漫的格调。

**6. 高花填芯类织物**　高花填芯类织物是一种高档的家具织物，如以桑蚕丝为主要原料的金星葛、云暮锦等高花凹凸效应的面料，外观雍容华贵，适宜于宫殿厅堂、高级宾馆和家居使用等。丝织高花家具覆饰类装饰织物大多以真丝、熟双经为经线原料，黏胶纤维、粗特棉纱为纬线与衬芯材料。织物结构以袋组织结构为主，表层花纹是真丝缎面效果，由化纤等低档纤维构成底层组织，中间以粗特纱线作为填芯，形成永久性的高花效果。花纹呈现饱满浑厚的立体感，突出于织物表面，不会因外力的作用而削弱，具有犹如浮雕般的艺术效果。丝织高花家具覆饰类装饰织物色彩效果比较单一，主要通过凹凸变化和组织结构的配合，表现花纹形态。

**7. 植绒织物** 植绒织物是一种利用电荷的自然特性产生的一种生产新工艺织物，它立体感强、颜色鲜艳、手感柔和、豪华高贵、华丽温馨、形象逼真、无毒无味、保温防潮、不脱绒、耐摩擦、平整无隙。

**8. 涂层类织物** 涂塑织物是涤纶织物涂聚氯乙烯后印花加工而成，涂塑织物有仿皮革的风格，防水防污。一般用于台布、座椅套等。图4-4-13所示为涂塑台布，如图4-4-14所示为涂塑座椅套。

图 4-4-13　涂塑台布

图 4-4-14　涂塑座椅套

**9. 复合类织物** 复合类织物的底层用针织物，中间用聚氨酯或聚酯泡沫塑料，表层采用涤纶色丝的双经双纬平布、斜纹、册形斜纹、人字纹、小提花机织物或起绒织物、人造皮、人造革等用作面料。

这类织物色调简单素净，配色调和，层次分明，并有光亮感。外观具有毛型感、立体感和绒面感。挺括、有弹性，坐过后能立即恢复原来的状态，不轻易变形，不少产品背面涂层、涂胶。

### 三、家具覆饰类纺织品的基本功能

**1. 保护功能**　家具覆饰类纺织品作为家居的蒙面套用材料可以有效地保护家具，避免污垢。保持家居表面光洁，避免磨损，还可以防止阳光直接照射而引起的家具变质变色。沙发、椅子、桌子等家具覆盖适宜的装饰面料可以使表面不受损伤。在公共建筑和办公室等场所，采用家具覆饰类纺织品能常清洗更换，可以使桌、椅、沙发保持良好的使用状态和卫生状况。

**2. 舒适功能**　家具覆饰类纺织品一般都具有较好的弹性和柔软性，蒙罩在家具之上，使铁质或木质的沙发、座椅、桌子加上了一层纤维材料的外衣，改变了原来质地坚硬的外观效应，给人以温馨亲切的感觉。特别是近年来流行的坐垫、靠垫等小型覆饰品，可以直接用来调节人体的坐卧姿势，使人体与家具的接触更服帖舒适。

**3. 美化功能**　各种家具覆饰类纺织品的设计和选用，都要以有利于提高家具的美观效果为主要目的，在艺术上要起到装饰点缀作用，其质地与花色应以不掩盖家具本身所具有的装饰美为原则。

织物风格应从属于室内总体布局的艺术效果，不能因为蒙面覆盖使家具本身的优美纹理与挺拔造型有所失色，尤其要禁忌同一室内的桌、椅、台、柜上的覆盖织物杂乱无序，否则就会破坏室内典雅宁静的气氛。

家具覆盖用纺织品犹如家具的外衣，随着环境气氛的变化和装饰点缀的需要，可以随时调换"外衣"的质地、花色，使家具成为室内装饰整体中的一个部分。

### 四、家具覆饰类纺织品的性能要求

#### （一）坚牢度

家具覆饰类装饰织物分为家用类和商用类。商用类家具覆饰类装饰织物的性能标准通常比家用类高，因为商用类装饰织物的使用率高，他们需要专门设计，其比大多数家用类装饰织物组织紧密、拉伸强度高。目前，国外对家具覆饰类装饰织物的耐磨性能有要求，如采用马丁代尔测试仪测试固定式家具覆饰类装饰织物的耐磨次数应是 25000 次。而商业、运输等公共设施内的家具覆饰类装饰织物，其耐磨次数则是 50000 次（在 794g 的负荷下），因为这类织物在使用过程中不可能经常更换，且一般需要有 5 年左右的使用寿命，所以对织物的耐磨性和强力牢度有较高的要求。

一些家具覆饰类纺织品在使用中常处于拉伸、挤压、摩擦的张力状态中，因此必须具备较好的强度，如拉伸强度、顶破强度、耐磨和耐压性能。

#### （二）稳定性

家具覆饰类纺织品的稳定性是指其使用过程中织物外观的稳定性能，包括抗起球、抗勾丝、抗接缝滑脱的性能；还要有耐光照、耐摩擦色牢度及耐洗地等功能。

家具覆饰类装饰织物的织物密度要尽可能紧密，组织浮长要尽可能缩短，一般以平纹、变化平纹、斜纹、人字纹组织为多，这可以有效地提高织物的外观稳定性。

**（三）防污性**

家具覆饰类纺织品的防污性包括耐污与易去污两方面。

**（四）摩擦系数**

用作沙发、椅套垫一类的家具覆饰类纺织品应具有一定的表面摩擦系数，使人们靠坐在其上下不致滑溜移动，增加稳定性和舒适性。这类织物大多采用绒面结构，结子线等花式纱线交织技术，织物外观风格较为粗犷，毛绒与粗结突出于织物表面，既耐磨又能增大摩擦系数，具有较好的实用效果。

**（五）透气性**

在使用时，透气性是空气或湿气通过织物的能力，它与坐靠舒适性有直接关系。与家具直接接触时间越长，这项性能越重要。透气性的影响因素如下。

**1. 纤维类别** 吸湿性好的纤维传递湿气的能力强。

**2. 织物结构** 透孔结构使空气和湿气容易通过。

**3. 后整理** 轧光整理将阻碍织物中气体的通过。

**4. 衬垫材料密度** 密度高透气性小。表面不规则的织物和有较大容纳空气空间的织物（如蓬松纱线织物），传递气流能力强。

**（六）阻燃性**

现代家具覆饰类纺织品的阻燃性受到高度重视。一般家用织物最好使用进行阻燃整理过的织物，而公用和商用织物必须进行阻燃处理。

**五、家具覆饰类纺织品的图案与色彩**

家具覆饰类纺织品随家具形体转折而变化，具有较强的立体效果和醒目的视觉印象，在室内装饰中有特殊的作用。

**（一）家具布的图案与色彩**

家具布在使用时随家具的造型而具有多种形状的面，如平展的坐面，垂直或略呈倾斜的靠背，转折的扶手等。因此，这类图案不能只追求平面展现的美感，更应注意立体效应，即套置于沙发、椅子后的形体美与整体美，这样才能达到图案的平面构成与适形、适物美感的和谐统一。

**1. 图案的特点**

（1）由于织物质地厚实，织纹丰富，风格粗犷，因此图案应稳定端庄。

（2）由于家具的多种面（平展的坐面、垂直面或略前倾的靠背、转折的扶手），因此图案应注意立体效应，各立面协调。

图案的布局呈现大花型，丰满而有层次，满地型。图案的格局为四方连续，构图平稳匀称，具有多角度的欣赏效果。

**2. 图案的风格**

（1）传统图案风格。吸收了中外织锦、建筑、装饰等纹样的特点。花纹为缠枝牡丹、西番莲、宝相花、卷草纹、云纹等。花纹以几何骨架形式布局，如菱形、波形等。

（2）写实花草图案。家具布的纹样取材多为变形花草、变形图案与几何图案，丰满而有层次，常呈满地型的花纹布局。家具布的纹样一般是四方连续形式的格局。

① 散点排列。布局自由舒展，带有活泼清新的自然气息。

② 几何骨架结构。以花草、几何图案或变化图案组成的骨架内，安排形态生动的花草纹样。构图匀称整齐、平而不板。

③ 几何图案和抽象变形图案。形式感强、形象简练的点、线、面以无具象的抽象朦胧图形组合而成。有适应性强、灵活多变的特点。

**3. 家具布的色彩** 家具布的色彩以沉稳的中、深色调为主，如绛紫、墨绿、咖啡、驼色等，也有乳白、象牙黄、银灰等彩度较低的浅色调，形成紫红、棕黄、暗绿、烟灰四大色彩系列。

（1）传统织物。用含蓄深沉的色调。提花织物：经纬纱的多种色彩配合，形成多种层次。印花织物：多套色。

（2）现代织物。使用明快怡人的橙色、草绿、天青、棕黄等，及乳白、象牙黄、淡银灰等浅色调。

**（二）台布的图案与色彩**

**1. 织锦台毯的图案与色彩** 台毯的纹样题材大多为花鸟、人物、山水、走兽以及装饰性较强的变化图案并常选取含吉祥美好谐音寓意的题材。如以牡丹、玉兰、海棠组成"玉堂富贵图"。

以梅、兰、竹、菊组成"四君子图"。山水景物纹样则以亭台楼阁、名胜风光构成意境优美的画面，并在其中穿插安排戏剧人物，民间传说或风俗民情场景，使画面情景交融，充满生活气息。

**2. 色织、印花台布的图案与色彩** 这类台布虽为适合纹样的图案布局，一般有两种类型：中心型与边框型。中心型台布的中心纹样集中、花团锦簇，形成视觉焦点，边框部分处于陪衬的地位。

**（三）坐垫、靠垫的图案与色彩**

丝织坐垫、靠垫的纹样与色彩同织锦台毯的风格相似，只是幅围较小，布局也较灵活，既有严谨规则的，也有流畅舒展的，装饰性各具特色。

印花坐垫、靠垫的纹样题材与表现手法不拘一格，无论是花卉、动物、风景、几何形体，都带有一定情趣，并形成独立完整的画面，是室内装饰中极富趣味的点缀品。

**六、家具覆饰类纺织品的测试指标**

**（一）坚牢度测试**

**1. 拉伸强度** 指在一定的试验方法下，织物受外力直接作用拉伸至断裂时所需的力。

法定单位为牛（N）。

（1）条样法。使试样宽度的中央部分被夹持在规定尺寸的夹钳中，以规定的速度拉伸试样，直至试样发生断裂的最大拉力。

（2）抓样法。仅使试样宽度的中央部分被夹持在规定尺寸的夹钳中，以规定的速度拉伸试样，直至试样发生断裂的最大拉力。适用于不易拆边纱的高密织物，否则易产生束腰现象。

**2. 顶破强度**　将一定面积织物的周围加以固定，从织物的一面给以垂直的力使其破坏，称为顶破。其特点是织物受到由受力中心向四周放射的扩张外力的作用，织物中发生极限变形的纱线首先断裂，进而应力的集中使织物被撕开。

除纱线强力的影响外，经、纬纱相同，织物的经、纬向密度接近时顶破强度较好；反之，经、纬纱不能均衡发挥作用，使得受力较大的方发生断裂。

（1）弹子顶破法。

指标：顶破强力值。

方法：将圆形试样周围固定，有机械弹子（金属球）垂直顶伸试样至破裂，测定强力值。

（2）弹性膜片胀破法。

原理：将一定面积的试样覆盖在弹性膜片上，用一个规定尺寸的环形夹具上夹住，在膜片下平缓地增加流体压力，利用流体的均向压力使弹性膜弹起，于是贴覆于膜片表面的织物膨胀，直至试样破裂。

指标：胀破强度和胀破扩张度。

胀破强度：指作用到一定的面积试样上，使之膨胀破裂的最大流体压力，单位为 $kN/m^2$。

胀破扩张度：指在承受胀破压力下的试样膨胀程度，为试样时试样表面中心的最大高度，单位为 mm。

弹性膜片胀破法优点：受力均匀平稳、缓和，结果稳定。国外应用普遍。

**3. 耐磨性**　耐磨性是指织物抵抗磨损的能力，它与摩擦的类型、织物的表面摩擦性能、纤维强度、纱线捻度和织物结构有关。

（1）摩擦的类型。包括以下三种。

① 平磨。发生在较大面积的织物平面上，由于应力相对分散，故破坏轻微。

② 曲磨。发生弯曲部位，因织物处于绷紧和拉伸状态且应力相对集中，所以破坏性大。

③ 折边磨。发生于折边处，属于应力最为集中的情况，破坏性最大。

影响耐磨性的因素。手感光滑的织物耐磨性较好。纤维、纱线和织物结构属于织物耐磨性的内在因素。纤维强度大、伸长率高则耐磨性较好，纤维的强度低，伸长率低则耐磨性差。由于磨损主要表现为纱线的松解，所以，纱线捻度适当增大时有利于提高耐磨性。织物结构以松紧适中为好：结构过松时，纱线相互之间的束缚、保护作用就会降低；而紧度过大则会造成摩擦外力作用的集中，成为"硬摩擦"。

（2）耐磨性的测试方法。

① 马丁旦尔耐磨测试法。利用马丁旦尔耐磨测长仪将圆形试样在一定压力下与标准磨料按一定的曲线（李莎茹图形）的运动轨迹进行相互摩擦，导致试样破损。此时磨损次数即表明耐磨性，或用磨损前后进行对比。

② 圆盘式耐磨测试法。将圆形织物试样固定在工作圆盘上，工作圆盘匀速固转，在一定的压力条件下，砂轮对试样产生摩擦作用。

**4. 耐压性**　具有一定空间体积的织物，受到正压力时，会发生压缩变形。

织物的压缩变形是以一定的结构特征为前提的，其中决定性的要素是蓬松度。它可以由多种织物类型来体现。如采用膨体纱或变形丝的织物、粗纺羊毛织物、松结构织物、毛圈和毛绒织物、针织物和非织造织物等。

织物的压缩变形是以一定的结构特征为前提的，其中决定性的要素是蓬松度。它可以由多种织物类型来体现。如采用膨体纱或变形丝的织物、粗纺羊毛织物、松结构织物、毛圈和毛绒织物、针织物和非织造织物等。

织物的压缩性能会明显地反映在手感上，一定程度的压缩性在触感上往往产生良好的印象，并且会引起心理上的轻松和温暖的感觉。

（1）耐久压缩性。

① 恒定压力法。压脚以一定的速度相继对参考板上的试样施加轻、重压力，保持规定时间后，记录两种压力下的厚度值；然后卸除压力，试样回复，规定时间后再次测定轻压下的厚度，计算压缩率等指标。

② 恒定变形法。压脚以一定速度压缩试样至规定压缩变形时停止压缩。记录此时及保持此变形一定时间后的压力，可得应力松弛率指标。如分别测定恒定压缩变形前后的轻压厚度，可得厚度损失率等指标。

③ 蓬松度。规定轻压下单位质量试样的体积。

（2）连续压缩性。压脚以一定速度连续对参考板上的试样试压，当压力增至最大，压脚以相同速度返回。测定厚度、压缩功及回复功等。

（3）绒织物的压缩性。将绒织物表面绒毛竖直，测定面积为 $1cm^2$，承受 147kPa 的压力，10min 后消除压力，自由回复 5min，测绒毛回复竖直的程度，用百分比表示。

**（二）稳定性测试**

家具覆饰类纺织品的稳定性，在织造和工艺方法上的要求包括抗起球、抗勾丝、抗接缝滑脱、防裂性等。耐摩擦沾色、耐摩擦褪色、耐光、耐环境等色牢度也至关重要。另外在设计的过程中，必须注意的是条格图案的织物，必须大小恰当，不致在使用中出现纬变或纬斜。

**1. 外观稳定性**

（1）抗起球。摩擦使纱线中的纤维一部分脱离纱线体束缚而浮于织物的表面，形成局部毛羽外观的现象称为"起毛"，随着起毛程度不断加重，毛羽增多、加长。进而在揉搓作用下相互纠缠、集聚而形成微小的毛球，术语称为起球。

使用短纤维原料的织物都存在不同程度的起毛现象。如果纤维强度低，毛羽会很快断裂、脱落，在外观上并不显著；如果纤维强度高或伸长性好，毛羽就难以脱落并极易发展为毛球。实际上，除毛织物外的天然纤维织物和人造纤维织物极少发生起球的问题；合成纤维及其混纺织物均有较明显的起球现象，其中尼龙、涤纶和丙纶最为严重。

抗起球性测试方法如下。

① 圆形轨迹起球法。利用尼龙刷和磨料对试样进行摩擦起球，在规定的条件下，将试样与标准样照对比。评定起球等级。

② 马丁旦尔起球法。

③ 滚箱起球法。多用于针织物，将织物试样套在聚氨酯塑料管上，放进能转动的内衬橡胶软木垫的方形木箱内，按规定进行滚动。结束后，将试样与标准样照对比，评定起球等级。

（2）抗勾丝。织物在使用过程中，如果接触到尖硬的物体，就有可能将织物中的纱线拉出或勾断，被拉出的纱线显露于织物表面。同时，纱线的抽动会使布面抽紧、皱缩，这一现象称为勾丝。

勾丝是一种突发性且比较明显的破坏，往往产生无法补救的后果，甚至于使织物丧失使用价值。织物抵御这种破坏的能力即为织物的抗勾丝性。

织物的抗勾丝性主要取决于织物结构和纱线的形态。机织物优于针织物；结构紧密的织物优于结构松弛的织物；短纤维织物优于长丝织物；股线织物优于单纱织物；平滑织物优于表面起皱、凹凸的织物。

抗勾丝性的测定方法如下。

① 钉锤法。把一个用链条悬挂的钉锤绕过导杆放在套于转筒的试样上，当转筒以恒速转动时，钉锤在试样表面随机翻转、跳动，使试样表面勾丝。

② 针筒法。将一条状试样一端固定在转筒上而另一端处于自由状态，当转筒以恒速转动时，试样周期性地擦过具有一定转动阻力的针筒，使试样表面勾丝。

（3）抗接缝滑脱。织物在使用过程中由于受反复外力或摩擦作用，出现在缝纫处纱线滑动脱落形成"脱缝"。影响因素是多方面的，除织物的有关性能外，还有缝纫线、车缝工艺等因素。

① 缝合法。将织物沿某一方向以标准缝合形式缝纫结合在一起，然后在垂直方向施以拉伸作用，测定织物中纱线抗滑移性。

② 模拟缝合法。将一针排插入试样纵向距头端规定距离处，测定使其端部横向纱线滑脱出试样所施加的最大拉伸负荷，即滑脱阻力。

③ 摩擦法。用一对摩擦辊以规定压力相对夹持试样，两者以一定速率相对摩擦，织物中纱线均匀状态下发生滑移，测定摩擦规定次数后的滑移量。

**2. 耐光性**　耐光性是指织物受光线照射后保持其原来光学性能（如颜色、光泽等）的能力。

织物的耐光性随纤维种类的不同而不同。在天然纤维和人造纤维中，羊毛和麻的耐光性是较好的；棉和黏胶纤维的耐光性较差；蚕丝的耐光性最差。在合成纤维中，腈纶的耐光性最好；涤纶的耐光性较好，接近羊毛，维纶的耐光性较差，与棉接近；锦纶的耐光性差，和蚕丝相近；而丙纶和氯纶的耐光性最差。

**3. 耐摩擦色牢度** 耐摩擦色牢度表示试样的沾色或变色情况，特征为耐干、湿摩擦。

纺织品耐摩擦色牢度是纺织品染色牢度的重要考核指标。其目的是测定纺织品的颜色对摩擦的耐抗力及对其他材料的沾色，通过沾色色差评级来反映纺织品耐摩擦色牢度质量的优劣。

**（三）摩擦性测试**

摩擦性的测定有两种方法。

**1. 风格仪测定法** 把两块试样叠合，将下面的试样固定，在一定正压力和速度下测定上面试样水平一定的摩擦力变化。

**2. 斜面移动法** 试样分别放置在负荷与斜面上，调节斜面角度，读取负荷开始下滑时斜面的角度。

## 七、家具覆饰类纺织品设计及运用特点

家具覆饰类纺织品作为家具表面的装饰材料，在室内环境中起到了调节、活跃色彩气氛的作用。在使用时，常常是随着家具形体的变化而变化的，从图案、色彩、机理等都要避免只追求平面的美感而忽略立体的展现和多种角度的整体美感。

传统的图案设计多为变形花卉图案、风景建筑图案和几何图案等。一般花型较大，结构丰满，以满地四方连续形式布局。而现代设计中，抽象图案的比重呈上升趋势，更多的追求材料的质感与机理效果。在色彩上，传统家具覆饰类纺织品以中、深色调为主，形成了紫红、棕黄、暗绿、烟灰四大色彩系列。现代设计在色调上多选用明快、怡人的乳白、象牙黄、淡灰色等低彩色的浅色色调。近年来所谓的"甜蜜色调"在各种家具覆饰类装饰织物设计中都十分流行。如图 4-4-15 所示为素色淡雅桌布，如图 4-4-16 所示为花卉图案桌布。

图 4-4-15　素色淡雅桌布　　　　　　图 4-4-16　花卉图案桌布

另外，家具覆饰类装饰织物的图案排列和方向性都非常重要，有时要求相同的图案或主题图案出现在某一类家具的中心位置，在许多家具上，如靠垫和沙发等，图案循环应该与家具相匹配。

有些家具覆饰类装饰织物的图案没有方向性，如单色平纹组织方形织物，在同一件家具上既可以水平布置，也可以垂直布置。而有些单向图案织物，例如，一些动物和折枝花卉的图案，这时图案的位置非常关键。

许多家具覆饰类装饰织物的图案特点需要在使用时特别关注，如条格、绒毛、横向水平方向铺展等。

**1. 条格** 条格可以水平布置，也可以垂直布置，但缎条为了体现更好的光泽效果，通常是垂直布置的。这也可以增加织物的使用寿命，使用条格时必须注意确保条格与家具的表面相匹配，确保靠枕上部到坐垫前部的图案相匹配。如图4-4-17所示为条格桌布，如图4-4-18所示为缎条桌布。

图4-4-17 条格桌布　　　　　　　　　　　图4-4-18 缎条桌布

**2. 绒毛** 割绒类织物如天鹅绒、条绒、灯芯绒等，使用方向在家具上通常是绒毛或绒条向下，在坐垫上通常是向前，这样耐磨性和舒适性都能达到最好。

**3. 横向水平方向铺展** 织物图案和循环的方向特征决定了织物是沿布匹方向还是横向水平方向铺展，布匹方向是指织物经向沿椅子或沙发从上到下方向，织物横向水平方向则是与布匹方向垂直90°的方向，所以沿布匹方向铺展的条格织物，条格是沿椅子从上到下的垂直条格。如果同一块织物沿横向水平方向铺展，则条格将呈沿椅子从左到右的横向条格，没有印花或其他图案效果的染色织物可沿着任何一种方向铺展，图案或其他织物效果决定了织物是否可以横向水平方向铺展，横向水平方向铺展织物的好处是最大限度地利用了织物。沿布匹方向铺展织物是利用该织物强度较大的方向。

# 第五节 卫生餐厨类纺织品

卫生间浴室和厨房是构成整体住房环境空间的重要因素，卫生餐厨类纺织品是室内装饰用纺织品的重要组成部分，能反映一个国家装饰织物的技术水平和人们的生活质量。卫生餐厨类装饰织物包括了方巾、围巾、浴巾、防滑地巾、浴帘、台巾、餐巾、餐垫等各种小装饰织物。卫生餐厨类纺织品用于宾馆、饭店、家庭，会给整个室内环境带来整洁、美观、协调，使人产生舒畅、愉快的感觉。

## 一、卫生餐厨类纺织品的定义

卫生餐厨类纺织品指的是卫生间浴室和厨房用的装饰用纺织品。卫生餐厨类纺织品包括卫生洗浴类纺织品和餐厨类纺织品两大类。卫生洗浴类纺织品包括了方巾、围巾、浴巾、防滑地巾、擦背巾、浴帘、罩盖以及各种小装饰织物。这些品种一般以全棉产品为主，也有混纺织物。餐厨类纺织品指用于餐厅、厨房的系列产品，包括台布、餐垫、餐巾、餐椅套、围裙、隔热垫等。餐厨类纺织品所使用的纤维主要有棉、黏胶纤维和涤纶。亚麻也有少量应用，但主要用于高档、豪华的织物。

## 二、卫生餐厨类纺织品的分类

### （一）按所用纤维原料分类

**1. 纯棉织物** 纯棉织物是以棉花为原料，通过织机，由经纬纱纵横沉浮相互交织而成的纺织品。纯棉织物如图 4-5-1 所示。它可按染色方式分为原色棉布、染色棉布、印花棉布、色织棉布。

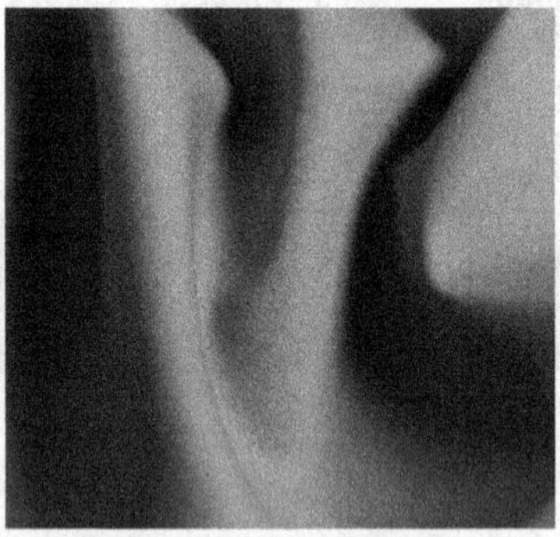

（1）原色棉布。没有经过漂白、印染加工处理而具有天然棉纤维的色泽的棉布称为原色棉布。它可根据纱支的粗细分为市布、粗布、细布，它们的特点是布身厚实、布面平整、结实耐用、缩水率较大。可用作被单布、坯辅料或衬衫衣料。

图 4-5-1 纯棉织物

（2）染色棉布。有硫化蓝布、硫化墨布、士林蓝布、士林灰布、色府绸、各色咔叽、各色华呢。

（3）印花棉布。是印染上各种各样颜色和图案的布。如平纹印花布、印花斜纹布、印花哔叽、印花直贡。

（4）色织棉布。是把纱或线先经过染色，后在机器上织成的布如条格布、被单布、绒布、线呢、装饰布等。

**2. 超细纤维织物** 超细纤维又称微纤维、细旦纤维。一般把纤度 0.3 旦（直径 5 微米）以下的纤维称为超细纤维。超细纤维的成分主要有涤纶、锦纶两种构成（国内一般是涤纶 80%，锦纶 20%，还有涤纶 100% 的，吸水效果差，手感差）。超细纤维织物如图 4-5-2 所示。

超细纤维由于纤度极细，大大降低了丝的刚度，制成织物手感极为柔软，纤维细还可增加丝的层状结构，增大比表面积和毛细效应，使纤维内部反射光在表面分布更细腻，使之具有真丝般的高雅光泽，并有良好的吸湿散湿性。

图 4-5-2　超细纤维织物

直径 0.4μm 的纤维细度仅为真丝 1/10。由进口织机制成的经编毛巾布，其表面性状均匀、紧凑、柔软，具有高弹的细微绒团，有极强的去污、吸水性能。对被擦拭表面无丝毫损伤，不产生棉织物常见的纤毛脱落；易洗、耐用。由于超细纤维又细又软，用它做成洁净布除污效果极好，可擦拭各种眼镜、影视器材、精密仪器对镜面毫无损伤。与传统的纯棉毛巾比较，超细纤维毛巾主要有五大性能特点。

（1）高吸水性。超细纤维采用橘瓣式技术将长丝分成八瓣，使纤维表面积增大，织物中孔隙增多，借助毛细管芯吸效应增强吸水效果。快速吸水和快速变干成为它的显著特性。

（2）强去污力。直径 0.4μm 的微纤维细度仅为真丝的 1/10，其特殊的横断面能更有效地捕获小至几微米的尘埃颗粒，除污、去油的效果十分明显。

（3）不脱毛。高强的合纤长丝，不易断裂，同时采用精编织法，不抽丝，不脱圈，纤维也不易从毛巾表面脱落。用它做成擦洁巾、擦车巾特别适合擦拭光亮油漆表面、电镀表面、玻璃、仪表及液晶屏等，在汽车贴膜过程中对玻璃做清洁处理，可达到非常理想的贴膜效果。

（4）长寿命。由于超细纤维强度大、韧性强，其使用寿命是普通毛巾使用寿命的 4 倍以上，多次水洗后仍不变形，同时，高分子聚合纤维不会像棉纤维产生纤维素水解，使用后不晾晒，也不会发霉、腐烂，具有超长寿命。

（5）易清洗。普通毛巾使用时，特别是天然纤维毛巾，将被擦物表面的灰尘、油脂、污垢等直接吸收到纤维内部，使用后残留于纤维之中，不易清除，用了较长时间后甚至会变硬失去弹性，影响使用。而超细纤维毛巾是把污物吸附于纤维之间（而不是纤维内部），再加之纤维纤度高、密度大，因此吸附能力强，使用后只需用清水或稍加洗涤剂清洗即可。

**3. 木棉纤维织物**　木棉纤维是锦葵目木棉科内几种植物的果实纤维，属单细胞纤维，其附着于木棉蒴果壳体内壁，由内壁细胞发育、生长而成。一般长为 8～32mm、直径为 20～45μm。它是天然生态纤维中最细、最轻、中空度最高、最保暖的纤维材质。它的细度仅有棉纤维的 1/2，中空率却达到 86% 以上，是一般棉纤维的 2～3 倍。具有光洁、抗菌、

图 4-5-3 木棉纤维毛巾

防蛀、防霉、轻柔、不易缠结、不透水、不导热、生态、保暖、吸湿性强等特点。如图 4-5-3 所示为木棉纤维毛巾。

木棉纤维织物功能特点如下。

（1）保暖轻柔。木棉纤维短而细软，无扭曲，轻盈且中空度高的纤维材质使其远超人造纤维和其他任何天然材料。具有耐压性强、高度保暖、轻柔无负担等特性。

（2）驱螨防蛀。它是天然的植物纤维。不易被水浸湿，具有良好的透气性，天然抗菌，不蛀不霉。

（3）亲肤芳香。与人体皮肤亲和力好，手感细腻，在阳光下曝晒之后不仅变得柔软蓬松，更有天然香味散发。

（4）环保绿色。可降解，有利环境，是现代社会生活的上佳选择。

图 4-5-4 竹纤维织物

**4. 竹纤维织物** 竹纤维是从自然生长的竹子中提取出的纤维素纤维，继棉、麻、毛、丝后的第五大天然纤维。竹纤维具有良好的透气性、瞬间吸水性、较强的耐磨性和良好的染色性等特性，具有天然抗菌、抑菌、除螨、防臭和抗紫外线功能。如图 4-5-4 所示为竹纤维织物。

竹纤维织物功能特点如下。

（1）吸湿透气。在 2000 倍电子显微镜下观察，竹纤维的横截面凹凸变形，布满了近似于椭圆形的孔隙，呈高度中空，毛细管效应极强，可在瞬间吸收和蒸发水分，在所有天然纤维中，竹纤维的吸放湿性及透气性好，居五大纤维之首，远红外发射率高达 0.87，大大优于传统纤维面料，因此符合热舒适的特点。在温度为 36℃、相对湿度为 100% 的条件下，竹纤维的回潮率超过 45%，透气性比棉强 3.5 倍，被美誉为"会呼吸的纤维"，还称其为"纤维皇后"。

（2）抗菌抑菌。竹纤维产品具有天然的抗菌、抑菌、杀菌的效果，因为竹子里面具有一种独特物质，该物质被命名为"竹琨"，具有天然的抑菌、防螨、防臭、防虫功能。在显微镜下观察，细菌在棉、木等纤维制品中能够大量繁殖，而竹纤维制品上的细菌不但不能长时间生存，而且短时间内还能消失或减少，24h 内细菌死亡率达 75% 以上。竹纤维自身具备抗菌、抑菌功能，细菌在其上面无法繁殖，甚至是无法生存，故竹纤维毛巾即使在温暖潮湿的环境中也不发霉、不变味、不发黏。

**（二）按用途分类**

分为卫生洗浴类和餐厨类两种。

**1. 卫生洗浴类**

（1）毛巾。毛巾是以纺织纤维为原料，表面起毛圈绒头或毛圈绒头割绒的机织物，一般以纯棉纱线为原料，少量有掺用混纺纱线或化学纤维纱的。

① 割绒毛巾。将普通毛巾的毛圈进行剪割处理，使织物表面布满平整的绒毛，割绒毛巾可以双面都割绒；也可以单面割绒，另一面仍为毛圈或局部割绒，形成纹样绒圈共存，相互映衬。割绒毛巾的特点是柔软，使用舒适，比普通毛巾有更强的吸湿性和柔软度。割绒后再印花，更能增加毛巾的装饰美，从而提高产品档次。如图4-5-5所示为割绒毛巾。

②提花毛巾。结构复杂，花纹精巧细致，色彩艳丽多变。所用纤维原料、纱线细度、织物组织结构采用不同组织、不同色彩或原料的纱线在提花机上织成各种花纹的毛巾。这种毛巾组织和经纬密度等的变化范围广，其设计及织造技术也较复杂。如图4-5-6所示为提花毛巾。

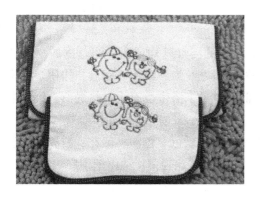

图4-5-5　割绒毛巾

图4-5-6　提花毛巾

③ 无捻纱毛巾。无捻纱毛巾利用棉纱与合股纱反正捻等量的加工方法织成坯巾后再由染整工艺采用将棉与可溶性PVA交捻的纱溶去PVA产生无捻绒圈。这种毛巾手感柔顺如脂，而且吸湿性好，有保护肌肤的作用，是一种时尚的美容巾。如图4-5-7所示为无捻纱毛巾。

④ 蛋白质纤维保健毛巾。蛋白质纤维保健毛巾是指由天然真丝、大豆蛋白、牛奶蛋白纤维等材料织成的毛巾。天然的真丝、羊毛也含有18种与人体相同的氨基酸，人们使

图4-5-7　无捻纱毛巾

用它可称得上"肌肤相亲"了。大豆蛋白毛巾采用大豆纤维与丙烯腈混纺而成，含有氨基、羟基等亲水基团的蛋白质分子，光泽怡人、手感滑爽、弹性丰富，是既保健又靓丽的

美容保健用品。如图 4-5-8 所示为蛋白质纤维保健毛巾。

⑤ 缎档毛巾。在毛巾的两端接近平纹部分的毛圈部分各织一段缎纹起花的横条，起花部分可以由经浮长线形成，也可以由纬浮长线形成。用以装饰毛巾，以增强毛巾织物的美感。如图 4-5-9 所示为缎档毛巾。

图 4-5-8　蛋白质保健纤维毛巾　　　　　　　图 4-5-9　缎档毛巾

（2）拒水浴帘。浴帘是一个悬挂在带淋浴喷头的浴缸外面或者淋浴范围的窗帘状物品。浴帘主要用于防止淋浴的水花飞溅到淋浴外的地方及为淋浴的人起遮挡作用。浴帘传统来说由塑料、布等材料制成。在室内温度较低的时候，浴帘也有聚拢热蒸汽、维持淋浴区局部温度的作用。

一般分为织物浴帘与塑料浴帘两大类。织物浴帘有素色、色织、印花、绣花等，塑料浴帘一般采用经过轧花处理的塑料布，花型丰富多彩，质地轻薄，适用范围广。如图 4-5-10 所示为印花浴帘。

（3）浴毯。浴毯是浴室必备的装饰之一，因为它不仅可以预防摔跤，而且还可以起到美化装饰作用。如图 4-5-11 所示为浴毯。

图 4-5-10　印花浴帘　　　　　　　　　　　图 4-5-11　浴毯

（4）浴袍。浴袍宽大而舒适，一般质地包括棉布（包括普通棉布和精梳棉）、珊瑚绒、毛圈、华夫格、竹纤维等几种材料。不同的材质和工艺给人的手感，以及穿起来的舒适程度可能会有天壤之别。如图4-5-12所示为珊瑚绒浴袍。

（5）擦背巾。该产品毛圈较硬，一般是经过特殊加工制织而成，易去除污垢。

如图4-5-13所示为擦背巾。

图4-5-12　珊瑚绒浴袍

图4-5-13　擦背巾

### 2. 餐厨类纺织品

（1）围裙。围裙是人们在烹调和做家务时穿着的防护卫生用品。具有防水、防污、防油烟、阻燃和装饰的功能，印制商标的围裙还有广告宣传效果。

围裙的分类：按照纤维品种可以分为纯棉、涤棉、化学纤维和亚麻围裙；按照装饰工艺可以分为印花、提花、绣花、抽花和镶边围裙；按照款式可以分为束腰式、背带式和全袖后系式；按照功能可以分为防水围裙、抗菌围裙、防辐射围裙等。

（2）台布。台布是餐厅的一种主要的装饰织物，台布既有实用性，又富有装饰性，它不仅能使进餐方便，而且是一种美的享受。

台布的种类介绍参照本章第四节中相关内容。

（3）洗碗巾。洗碗巾是洗涤餐具时有助于清洗和去污的卫生用纺织品。洗碗巾具有浸水后柔软蓬松、吸水性强、不沾油、易去污、不脱毛、柔软快干、易洗不发霉、不产生异味、擦拭时不损伤物体表面光泽和抗菌的功能。如图4-5-14所示为洗碗巾。

按照织物品种分类，可以分为机织、针织、编织和非织造洗碗巾；按照组织分类，可以分为提花、毛巾、蜂巢、方格等；按照功能分类，可以分为一般洗碗巾、玻璃拭巾和抗菌洗碗巾。

（4）防烫手套。防烫手套是厨房的隔热防烫安全用品。一般采用纯棉、涤棉为面料，以棉花或腈纶为中间填充物，四周包边缝制。要求具有隔热、耐污、易洗的功能。如图4-5-15所示为防烫手套。

图 4-5-14　洗碗巾

图 4-5-15　防烫手套

### 三、卫生餐厨类纺织品的特征与性能特点

#### （一）卫生餐厨类纺织品的结构特征

按织物的组织结构特征可以分为两大类：毛巾类织物和普通织物。

**1. 毛巾类织物**　由于用途不同，织物结构也有所差异，如浴巾要求毛圈较高，密度较大，因此，对于织物的经密、纬密、紧度、纱线线密度、毛圈高度等织物结构参数的选择，都应根据产品的不同要求来确定。

**2. 普通织物**　普通织物的织物结构一般都是原组织或小花纹组织，织物紧度、纱线线密度等参数都与常规织物差异不大，但织物的后整理方式根据用途的不同而不同，如台布需要进行防污、防烫整理；防烫手套则需要进行隔热涂层处理等。

#### （二）卫生用装饰织物的设计、运用特点

**1. 配套化**　卫生间和浴室是影响整个居住环境的重要因素，卫生用品的配套化，会给整个环境带来整洁、美观、协调，使人产生舒畅、愉快的感觉。

**2. 深加工、高附加值化**　质地紧密，手感柔软，色泽素雅明朗是这类装饰织物深加工后的特点。其他深加工的品种还有全刮底印花割绒浴巾、螺旋形缎边浴巾、特定标志提花配套浴巾等。在卫生间和浴室的整体空间设计中，很好地运用这些深加工的品种，不但可以提升设计品位，更可以提高实际生活质量。

**3. 功能保健化**　卫生类装饰织物除了应有的柔软性好、吸水率高、装饰性和实用性强外，还要具有抗菌、防汗、防臭和香味等功能保健性，对这种保健功能的理解和认识是很好地运用卫生类装饰织物的必备前提。

#### （三）餐厨类装饰织物设计、运用特点

在进行餐厨类装饰织物的设计和运用时，应该考虑合理的作业流程和人体工程学原理。合理的工作流程可以使人在厨房作业的时候，保持一份悠然自得的心态，舒适的人体工程学尺度能充分让人感受到人性化的关怀，操作起来能够得心应手。

餐厨类装饰织物的设计、运用过程中还需注意产品的品质和安全性，由于个人家居中

餐饮和炊事的时间占个人生活的相当部分，因为家中的安全性非常重要，尤其是厨房用装饰织物必须具有阻燃的性能，另外色牢度的要求也较高，如日本强调色牢度必须在4级以上。

餐厨类装饰织物的染色和后整理对其质量和使用寿命具有重要影响，因为这类产品经常会受到食品沾污，但由于其尺寸较大，几乎都采用洗衣机洗涤。

一般而言，餐厨类装饰织物以素色为主，但有些制造商以其前卫的生活理念，让台布产品成为各种花草蔬果争奇斗艳的战场。如来自西雅图的家饰制造商在其长形桌巾系列组合中，不乏鲜花及水果，而颜色更以粉绿或金黄为主。来自纽约设计，除鲜花图案的全系列产品外，更专门引进艺术家 Corona Holidays 桌巾，三种组合图案中部以郁金香营造出皇家花园的气派。桌巾组合皆呈现自然色彩，并搭配厨房的简单窗帘、坐垫、餐巾甚至包括餐桌下的铺垫以及端热锅的手套。这些印着鲜花朵朵的厨房用品不仅可以怡情养性，让人们有置身花园野餐的感觉，更有那种"有花堪折直须折"的含义。美国许多家庭的餐厨类装饰织物也是以植物图案为组合的，厨房的台布、餐巾、隔热垫、餐椅的坐垫、餐桌下的地毯到料理台的小毛巾、隔热手套、抹布、窗帘，以至于门边小踏垫几乎都是植物的图案。

**（四）卫生、餐厨用纺织品的性能特点**

**1. 装饰性**　卫生、餐厨类织物的外观特征可以反映一个人的身份与精神面貌，而且外观装饰性与促进人们的进餐食欲关系极大，因此，这类产品的实用性与装饰性都不可忽视。

**2. 防水性**　与吸湿性相反，对某些卫生用织物，如浴帘织物要求有良好的防水、隔热性能，可以阻挡洗澡水外溅，这就需要对织物进行特殊的防水整理。

**3. 防污性**　如桌布类等，在使用过程中难免会洒上果汁、油脂等，因此要对这类织物进行易去污整理，使其具有良好的防污性能。

**4. 隔热、防烫功能**　餐厨用品中的托垫、防烫手套等经常和热烫的餐具接触，因此，常用带有隔热功能的绗缝布缝制而成或对其进行隔热、防烫整理以确保使用安全。

**5. 防燃阻燃功能**　当前卫生餐厨类织物的防燃、阻燃都比较差，对这类织物进行防燃阻燃整理，是十分必要的。也是未来卫生餐厨类织物的发展趋势。

## 四、卫生餐厨类织物的新产品开发

**1. 高吸水毛巾**　传统毛巾多是有棉纱线织物的毛圈织物，但在国外市场，传统毛巾正在被高吸水毛巾所替代，当今时代，人们的卫生意愿和追求舒适的心理需求日益增强，洗浴次数增加，因而毛巾需求量大。如图4-5-15所示为高吸水毛巾。

高吸水毛巾性能的获得主要有以下几种途径。

（1）采用高吸水性纤维。这类纤维包括棉纤维、人造棉、改性人造丝以及改性聚丙烯腈纤维等。如采用各占50%的改性人造丝和棉纤维为混纺成纱，制成的高吸水毛巾既有棉纱的手感特征，又有快速吸水的能力，吸水速度可达纯棉产品的5倍。

（2）采用高吸水后整理技术。为了进一步提高吸水性纤维的性能，有很多产品采用了高吸水后整理技术。如用 100% 的纯棉纱织成毛巾，或用纯棉与高吸水性纤维混纺纱制成毛后，再进行吸水加工处理，其吸水能力可增加数倍。

（3）采用吸水性超细纤维。超细纤维之间的微小空隙，有利于形成毛细效应，因而可以提高织物的吸水性，如采用 Y 形截面的改性聚丙烯腈超细纤维制成的高吸水毛巾，其吸水速度可达纯棉的 3~5 倍。

（4）采用多层织物结构。当前出现的高吸水毛巾普遍采用多层织物结构。如采用70% 的高吸水铜氨纤维和 30% 的尼龙丝构成包芯纱，制成单面起毛毛巾织物，再把两层织物贴合在一起制成高吸水毛巾，吸水量可达纯棉的 5 倍以上。有的还采用 3 层结构的高密度织物，如采用 60% 的棉织物作为吸水层，15% 的聚酯纤维作为保水层，25% 的改性聚丙烯腈纤维作为扩散层，其吸水速度在 10s 内可达到 200%。

**2. 簇绒地巾**　簇绒地巾由底布和绒面构成，底布一般采用 29tex 合成纤维纱织成平布组织的织物，绒面可采用 97tex×2、73tex×4 或 58tex 等全棉纱在底布上经过簇绒加工后而形成。如图 4-5-17 所示为簇绒地巾。按绒面形式的不同，簇绒地巾可分为以下三种类型。

图 4-5-16　高吸水毛巾　　　　　　　　图 4-5-17　簇绒地巾

（1）单面绒地巾。正面用绒头或在簇绒时纱线不割断，使绒面形成一个连一个的线圈，反面是平布。

（2）双面绒地巾。一种加工方法是在底布上经过簇绒，形成正面是圈、背面是绒或者正面是绒、背面是圈的地巾；使棉纱先染色后簇绒，染成深浅两种棉纱，交替进行簇绒，形成圈是浅色，绒是深色的高雅地巾。

（3）圈绒地巾。正面是圈绒，反面是平布，利用起绒和起圈地巾两者的特点交替进行簇绒，形成圈绒地巾。

**3. 毛巾丝光装饰台布**　这种台布在欧美国家广为流行，主要用于一些中上层家庭、酒吧间和咖啡厅的台面装饰，它的起毛经纱选用全棉丝光纱线，地经纱用涤棉混纺纱线，纬线用全棉纱。采用先漂染后织造工艺，制成半制品后，再根据台面尺寸裁制成圆形，并经镶边或月牙边处理，或延边再进行绣花加工以求美观。如图 4-5-18 所示为丝光台布。

这种毛巾台布的密度高，光泽好，边饰配色和谐、毛圈整齐、素雅、大方、装饰性强。其直径尺寸有 80cm、100cm、150cm 等规格。

图 4-5-18　丝光台布

**4. 多功能毛巾装饰茶托**　毛巾装饰茶托又叫毛巾垫子，采用提花毛巾织机制成，造型新颖，色泽鲜艳。常放在托盘中，用作茶杯、餐具、茶碟的垫子。具有隔热防烫、防滑、防污等多种功能，是宾馆、饭店、咖啡厅、茶具、家庭厨房灯必备的日用卫生品。

毛巾装饰茶托的毛经纱和地经纱一般用 29tex×2 的全棉股线，纬纱用 29tex 棉单纱，色织提花，四边用白布包缝，三个做成圆角，一个角为方角，在方角处附以圆环，便于不使用时吊挂收藏。

**5. 装饰围裙**　围裙的坯布质地要求紧密厚实，耐磨柔软且具有一定的吸水性。围裙一般选用全棉织物，经过印花、绣花、镶边后的围裙款式新颖、图案优美、色泽鲜艳、装饰性强。其尺寸随具体要求而定，在宾馆、饭店还要求围裙能与台布、餐巾、茶托等配套使用，以获得整体的装饰效果。

### 五、卫生餐厨类纺织品的发展趋势

随着社会的不断进步，人们对卫生餐厨类纺织品的追求，不再局限于织物本身的实用性，对其装饰性和本身性能的要求也在不断提高，从而促进了卫生餐厨类织物的发展。

卫生餐厨类纺织品不仅具有使用功能，还能给人们带来惬意和温馨，其设计、开发特点是配套化、功能保健化（要求织物具有抗菌、防汗、防臭、防霉和香味等保健功能性）、深加工和高附加值化。

在新的厨房概念中，厨房不仅是炒菜做饭的地方，还应该是娱乐、休闲、朋友聚会、沟通情感的家庭场所。因此，未来餐厨类纺织品除了对其实用性提出更高的要求外，其装饰性也是人们追求的。

## 第六节　墙面贴饰类纺织品

### 一、墙面贴饰类纺织品的定义和作用

墙面贴饰类纺织品也称织物墙布，它们是以天然或者化学纤维为原料，通过机械加工方式织制而成。墙面贴饰类装饰织物结构组织紧密，织纹变化丰富，平挺性与稳定性较好。

采用墙面贴饰类织物来装饰墙面，织物本身的厚度以及视觉厚度附于墙上，能给人们增加一种温暖感觉，为家居增添华丽的气氛。在功能上也可以因其本身的材质、厚度、后处理，起到隔音、防潮、阻燃等效果。

### 二、墙面贴饰类纺织品的分类

织物墙布一般选用平纹、斜纹、提花、绒类、毛巾等织物与衬纸黏合。不用成纸的墙布可在其反面涂一层硬挺剂（用乳胶和聚丙烯酸类有机混合物）。

按加工方法分类：提花织物墙布、绒类织物墙布、毛圈织物墙布、印花墙布、非织造墙布、植绒墙布、涂层墙布、软体复合墙布。

按不同功能分类：环保阻燃墙布、灭菌墙布、调温墙布、夜光墙布等。

按墙布质地分类：天然材料墙布、化纤墙布、纯棉墙布、丝绸墙布、锦缎墙布、黄麻墙布、麻织墙布、玻璃纤维墙布。

按纱线类型分类：花式纱线复合墙布、结子纱疙瘩纱织物墙布。

#### （一）按加工方法分类

**1. 提花织物墙布**　如图4-6-1所示，采用大小提花组织织造，采用人造丝、化纤混纺丝线、金银丝等相交织，形成各种几何图案和花卉图案，具有彩色效果，风格粗犷，富有光泽。有的加金银丝点缀，更显得绚丽辉煌。

图4-6-1　提花织物墙布

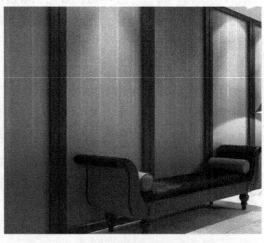

图4-6-2　绒类织物墙布

**2. 绒类织物墙布**　如图 4-6-2 所示，采用黏胶丝和化纤混纺纱线，在双经轴绒类织机上织造双层织物，经割线、剪绒、刷绒和烫花整理使墙布具有天鹅绒风格和绒面花纹。大提花绒类贴墙布具有地组织花纹和绒面花纹，富有立体感，产品高雅华贵。

**3. 毛圈织物墙布**　如图 4-6-3 所示，这类墙布是在毛巾织机上织造或马利莫缝编机上织造的。地经地纬采用化纤混纺纱线，毛圈纱一般采用单纤较粗的异形化纤长丝，结构疏松。墙布呈现系数或密集毛圈，风格粗犷，具有光泽。

**4. 印花织物墙布**　如图 4-6-4 所示，在纯棉粗制织物、提花织物、横贡缎织物、人造棉织物上印花，花型以几何形状和花卉景物为主，一般采用小花纹和抽象图案，色调要求素雅。有的印刷金银粉，以暖色调为主，光泽要求柔和、不刺眼睛，还有的墙布印花后加发泡，增加层次感。

图 4-6-3　毛圈织物墙布　　　　　　图 4-6-4　印花墙布

**5. 非织造墙布**　如图 4-6-5 所示，非织造墙布是采用棉、麻等天然纤维或涤纶和腈纶等合成纤维，经过非织造成型、涂布树脂和印刷彩色花纹而成的一种新型贴墙材料。非织造墙布具有挺括、质地柔韧、不易折断、不易变色变形、富有弹性，有羊绒感特征，同时色泽鲜艳、图案雅致、不褪色，具有一定的透气性，又有一定的防潮性能，并可用湿布擦洗，粘贴也很方便，为理想的贴墙织物之一。适用于各种建筑物的室内墙面的装饰，尤其是采用涤纶制造的非织造墙布，具有麻质非织造墙布的性能，质地细洁光滑，特别适合于高级宾馆和高级住宅的室内装饰。

**6. 植绒墙布**　如图 4-6-6 所示，人造丝、锦纶短纤维经混合在印花图案衬纸上或非织造布底布上静电植绒，然后经层压处理成墙布。该墙布具有仿麂皮的毛绒簇立、绒面丰润的外观效果，立体感强。

**7. 涂层墙布**　涂层墙布材料一般可采用纳米级的涂层，也可以采用一些具有生物、光、热等活性的功能性材料。近几年流行病毒传播剧烈，人们进一步认识到环保及环境净化的重要性，此类产品的应用将越来越广。墙布的净化材料，可通过在织物表面涂覆纳米级的涂层材料，在光的作用下，涂层织物表面具有持久的活性。利用此活性可分解空气中的有害气体及细菌，从而达到净化空气的目的，可以将已涂层织物制成各种形态的制品，

图 4-6-5　非织造墙布

图 4-6-6　植绒墙布

如防护服、窗帘、墙布、空气滤网、灯具等以达到净化的目的。

**8. 软体复合墙布**　将各种装饰织物与泡沫塑料、经编衬布复合在一起制成。根据需要可制成高泡、中泡、低泡等各种高度的凸纹和肌理，具有一定的弹性和立体感。由于其表面是塑料复合层，不易渗水和霉变，去污方便，适合一般的公共场所使用。

**（二）按不同功能分类**

**1. 环保阻燃墙布**　环保阻燃墙布是近年来在东欧兴起的一种新型绿色墙面装饰材料。它涉及精细化工、纺织、造纸、环保、美学、艺术等学科及高新技术。墙布表面多孔结构，能够很好地吸音、隔音，同时光线柔和，布面污渍容易清除，还其原貌。其吸湿散热的功能，可以解除人们对卫生间外墙、顶层房屋内墙体遇水泛黄、发霉的担忧，并且不卷边，使用寿命至少达到 10 年，并可根据用户特殊要求生产集增香、驱蚊、夜光、变色等多种特殊功能于一体的墙布。

**2. 灭菌墙布**　经过防生物处理的灭菌墙布是医院装修用的墙面覆盖物，其显著的特点是具有内在的抗菌特性，经防生物处理的墙布有快速、稳定和广泛的杀菌功能，而玻璃纤维墙布没有此项功能。

**3. 夜光墙布**　夜光墙布近来流行于家庭儿童的房间、KTV、酒吧、宾馆及旅馆等娱乐场所。夜光墙布在灯光关闭后能在墙上呈现出亮丽的田园风光、大森林与野生动物的美妙风景、满天星空，使人恍然如置身旷野或宇宙星云，并有各种各样的立体图案。有些墙布为达到较好的除尘耐污要求，可作拒水、拒油处理，经处理后不易沾尘，也能进行揩擦清洗，但对墙布的保温性能以及织物的表面风格有一定影响。

**4. 调温墙布**　美国专家最近研制了一种调温墙布，当室内温度超过 21℃ 时，将吸收余热，低于 21℃ 时又会将热量释放出来。这种调温墙布共有三层：靠墙的里层是绝热层，能把冷冰冰的墙体与室内隔离开来，中间层是一种特殊的调节层，由经过化学处理的纤维构成，具有吸温、蓄热的作用，外层美观大方，上面有无数的孔，并印有装饰图案。

**（三）按墙布质地分类**

**1. 天然材料墙布**　采用各种草、木材、树叶、竹等天然纤维材料，经特殊加工处理后，使其成线条状或织物状黏结于表面上。这种墙布有特殊的装饰效果，使人犹如处于自然境地，风格古朴自然，素雅大方，生活气息浓厚，给人以返璞归真的感受，适宜高级宾馆及住宅使用。

**2. 化纤墙布**　化纤墙布是以化学纤维或化纤与棉纤维织物为基材，以印花等技术处理而成的。前者称为单纶墙布，后者称为多纶墙布。无毒、无味、通气、防潮、耐磨、无分层等适用于宾馆旅店、办公室、会议室和住宅的内墙装饰。

**3. 纯棉墙布**　纯棉墙布以纯棉平布经过表面耐磨树脂处理，经印花制作而成。强度大、静电弱、蠕变小、无光、吸声、无毒、无味、花型色泽美观大方。适用于宾馆、饭店、公共建筑和高级民用住宅中的墙面装饰。

**4. 丝绸墙布**　以蚕丝、化纤丝及部分棉纱、短纤为主要原料。由于选用原料具有较细的密度和良好的理化性能。纹织工艺精细，花色华美秀丽，并且可具有表面竹节纱等风格。粘贴于衬纸上，品质高雅，质地精细，具有丝绸光泽，属于高档墙布。虽然价格昂贵但是仍然很受欢迎。

**5. 锦缎墙布**　锦缎墙布属于一种高级墙布，要求在三种颜色以上的缎纹底上，再织出绚丽多彩、古雅精致的花纹。锦缎墙布柔软易变形，价格较高，适用于室内高级墙面装饰用。

**6. 黄麻墙布**　这种墙布是单色调的，采用了间断粗节的特殊织物结构。耐磨性好，颜色齐全，规格较多。随着追求质朴自然之风的兴起，黄麻墙布将深受人们的喜爱。

**7. 麻织墙布**　如图4-6-7所示，这类墙布多数在远东国家使用，原料有麻、大麻、拉菲亚棕榈等树纤维和其他天然纤维纱线，采用平纹或斜纹组织织造，结构疏松，黏附字衬纸上制成，该墙布外观风格粗犷，具有竹节纱效果，独树一帜。国外今年来使用麻织墙布的比例不断提高，在欧洲许多国家已占20%左右。

图4-6-7　麻织墙布

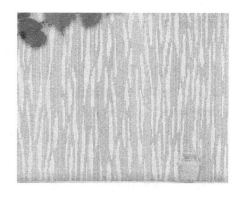

图4-6-8　玻璃纤维墙布

**8.玻璃纤维墙布**  如图 4-6-8 所示，玻璃纤维墙布是以中碱玻璃纤维为基材，表面涂以耐磨树脂，印上彩色图案而制成的。玻璃纤维具有耐高温、耐腐蚀，强度高，电绝缘性及拉伸强度高，相对伸长率小等优点。化学稳定和弹性模量高等特性，同时，它的耐磨性及耐屈服性差，因此，通过在玻璃纤维织物上涂覆防火阻燃涂层材料使其耐磨性及耐屈服性大幅度地提高，同时可以提高织物的装饰性、防水及防腐性能等。玻璃纤维墙布颜色鲜艳、花色繁多；防火、防水、耐湿、不虫蛀、不霉、可刷洗；有布纹质感，价格便宜。适用于宾馆、饭店、商店、展览馆、住宅、餐厅等的内墙饰，特别适合于室内卫生间、浴室等墙面装饰。

**（四）按纱线类型分类**

**1.花式纱线复合墙布**  花式纱线复合墙布是以纸为底布，贴附排列整齐的各种纤维（棉、麻、腈纶、黏胶、涤纶等）纱线和花式纱线（竹节纱、疙瘩纱、圈圈纱、印色纱等），纱线排列采用粗细间隔，稀、密、粗、细可任意选，由不同混色纱形成粗条，并经过印花轧花或发泡立体印花等工艺加工，具有不同层次和凹凸感。该墙布其色彩效应特别柔和优雅、美观大方、立体感强，吸音效果好，无静电、反光，耐日晒，但价格较贵，适用于高级宾馆和饭店，在一般居室中也常局部使用。

**2.结子纱疙瘩纱织物墙布**  由不同色泽、不同纱型结构组合交织而成。一般经纱较细，纬纱采用化纤混纺结子纱、疙瘩纱、圈圈纱和竹节纱线。织物结构疏松，分割粗犷，表面效果新奇多变，自然随意，层次和凹凸感强，肌理新颖别致。

## 三、墙面贴饰类纺织品的基本功能

**1.保暖功能**  墙布织物多由柔软的纤维材料构成，纤维材料具有良好的保暖性能，这是其他装饰材料不能比拟的。据有关测试表明，在使用空调的房间里面，贴饰墙布后能使房间的保暖值提高 20%，冷房的保温值提高 8%，墙布既能保持暖气的有效热量，也能阻止冷气的流溢散湿，这种独特的保暖功能是一般油漆或者粉饰墙面所不能达到的。此外，墙布织物改变了墙壁坚硬平板的形象，纤维疏松柔软的质感和触感能使人置身其中，感到温馨和舒适。

**2.吸音功能**  墙布是极好的纤维材料，墙布纤维的多孔结构具有吸收声波的性能。室内各种声响经墙布吸收，衰减后，又以漫反射的形式进入人耳，使声音变得清晰圆润。因此，在装饰有墙布的房间不会产生一般硬质墙室内那种嘈杂的嗡嗡声响。为了保证居室的安宁舒适，选用墙布作为墙面装饰，可取得良好的吸音效果。

**3.调节功能**  墙布织物纤维的微孔结构和纤维间的细小缝隙能吸收空气中的水分，也能释放出蓄积的水分，可有效地调节房间内的空气干湿状态，使室内保持适宜的湿度，在一定程度上改变了局部环境的微气候。同时，墙布织物的疏松组织也具备良好的透气性，因此在贴饰墙布的室内，让人感觉舒适宜人。

**4.保洁功能**  使用墙布的壁面比一般涂饰的墙壁更易除尘。使用真空吸尘器即可迅速方便地除尘保洁，也可用软刷子刷去灰尘，也有墙面还可以使用肥皂水进行清洗。这些简单可行的除尘方法保持墙面整洁如新。

**5. 美化功能**　墙布织物将华美的图案与色彩引进室内造就了舒适的环境气氛，给人以温馨的感观享受。在现代室内装饰设计中，大面积的墙布贴饰形成了立体意蕴的装饰风格，它往往决定了室内其他纺织装饰品配套的基调。古典派花色的墙布使居室具有优雅华贵的风格，现代派花色的墙布又可使居室洋溢着自然清新的气息。

### 四、墙面贴饰类纺织品的性能要求

**1. 平挺性**　墙布织物需要平挺而有一定的弹性，无缩率或者缩率较小，尺寸稳定性好，织物边缘整齐平整，不弯曲变形，花纹拼接准确不走样。这些织物本身品质性能的优劣直接影响裱贴施工的效果。多幅墙布拼接粘贴于墙面后，将达到平整一致、天衣无缝的视觉效果。墙布还具有相当的密度和适当的厚度，若织物过于疏松单薄，一些水溶性的黏合剂就有可能渗透到织物表面，形成色斑。

**2. 粘贴性**　墙布必须具有较好的粘贴性能，粘贴后织物表面平整挺括，拼接齐整，无翘起和剥离现象产生。墙布粘贴性除要求有足够的黏附牢度，使织物与墙面结合平服牢固外，还应具有重新施工时易于剥离的性能。因为墙布使用一段时间后需要更换新的花色品种。

**3. 耐光性**　墙布虽然装饰于室内，但也经常受到阳光的照射。为了保持织物的牢度和花纹色彩的鲜艳度，要求纤维具有较好的耐光性，不易老化变质。同时，染料的化学稳定性要好，日光晒后不褪色。

**4. 阻燃性能**　墙布的阻燃防火性能则需要根据不同的环境做出规定，这需要把墙布粘贴在假设的墙壁基材上进行试验，根据墙布的发热量、发烟系数，燃烧所产生的气体毒性进行测试判断，以确定阻燃性能的优劣。

**5. 耐污易清洁性能**　墙布大面积暴露于空气中，极易积聚灰尘，并易受霉变、虫蛀等自然污损。为此，要求墙布具有较好的防腐耐污性能，能经受空气中的细菌、微生物的侵蚀而不霉变。纤维要求较强的抗污染能力，日常去污除尘需方便易行，一般以软刷子和真空吸尘器就能有效除尘。有些墙布为达到较好的除尘耐污要求，可作拒水、拒油处理，经处理后不易沾染灰尘，也能进行揩擦清洗，但对墙布的保温性能以及织物的表面风格有一定的影响。

**6. 吸音性能**　有些特殊需要的墙布还需具备良好的吸音性能，需要纤维材料能吸收声波，使噪声得以衰减。同时利用织物组织及结构使墙布表面有凹凸效果，增强吸音功能。

家居内墙面贴饰类纺织品除了要达到传统的壁纸所具备的隔音、保温、华丽和易装饰的要求以外，还必须具有优越的环保生态性。无毒无味是墙饰织物必须具备的基本条件。随着近年来人们生活质量的不断提高，对人体健康要求也日益强烈。无味无毒、生态环保的生活环境条件，越来越被人们提到议事日程。因此，家居墙饰必须克服有毒有害气体成分，不能含有各种重金属元素等有害健康的物质。否则，这些有毒有害物质的存在对家庭将会造成难于弥补的身体伤害，尤其是小孩。

当然，墙面贴饰类纺织品还必须具备很好的质感，拥有如肌肤一样的触感，只有这样才能极大地增加人们的生活情趣，改变传统墙面冰冷、死板、单一的感觉。

### 五、墙面贴饰类纺织品设计、开发的特点

墙布的关键设计重点是美观，其次是功能。各种复杂花式纱线，有表面纹理甚至三维立体效果的织物都可以用于墙布，大多数墙布和顶棚布的用法与墙纸的一样。这类织物一般背面衬纸或纺粘法非织造布。厚重型墙布可以钉到墙上，这类布有马克莱姆和织锦。

现代的家居环境越来越富有主题性，并要彰显家居主人的特征。利用几面墙甚至一面墙或一个独特的天花顶棚上多种织物装饰所带来的肌理、质感、色彩纹样，配合适当的家具饰品，常常能创造出独具风格的自我氛围。

下面对现代墙布的纺织品风格进行举例说明。

**1. 传统素色**　白色及淡雅的素色是通常被建议使用的墙布颜色。这种素色最适合面积分散或楼梯旁的墙壁以及不规则或墙面过多的房间（图4-6-9）。

**2. 酷感时代**　摒弃所有关于传统墙布的观念，从工艺到设计都充满现代感，主要消费者为现代年轻人。墙面贴饰或是质地粗糙，线条硬朗，或是用色大胆，图案抽象，带有很强的时代痕迹，适合搭配强烈形式感的家具和配饰（图4-6-10）。

图4-6-9　素色墙布　　　　　　　　　　图4-6-10　酷感时代墙布

**3. 浪漫花都**　花草图案在提倡重归自然的今天倍受欢迎。以形象逼真、色彩浓烈或淡雅的花卉图案墙布贴在卧室、起居室，使轻柔的枝蔓在墙上自由缠绕，娇艳的花瓣仿佛暗香浮动（图4-6-11）。

**4. 东方异彩**　以简单的色彩衬底，配以中国画似的清淡图案或书法字画，是日式风格壁纸的最大特点。看似轻描淡写，随意挥洒，却可以为居室带来很大的变化（图4-6-12）。

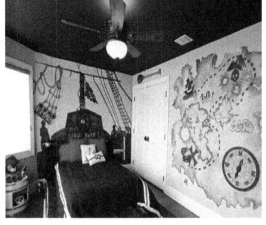

图 4-6-11　浪漫花都墙布　　　　　　　　　图 4-6-12　东方异彩墙布

**5.异域风情**　浓烈的色彩和熟悉的花纹所带来的异域风情奇异动人，具有很强的装饰效果。这样风格的墙布一般是用于玄关或家中某个主题墙，风格鲜明，华丽醒目。金黄、涂红、芦苇绿、紫罗兰等平时不使用的颜色都是设计这类墙布时的首选（图 4-6-13）。

**6.多彩拼接**　设计需配合房间结构，利用墙布色彩和图案的不同，使墙布具有明暗的对比，营造出空间的错落感。设计这类产品时，应考虑开发好相应的同系列花色，让消费者在选择和使用同系中的颜色或图案时不宜有太大的冲突（图 4-6-14）。

图 4-6-13　异域风情墙布　　　　　　　　　图 4-6-14　多彩拼接墙布

**7.另类卡通**　色彩鲜明。图案多样的卡通墙布既适合儿童活泼可爱、稚气盎然的心里特性，又可取乐于现代青少年一类。一般卡通墙布都会在同系列中有多款式花型，可以根据喜好进行组合设计（图4-6-15）。

**8.粗犷颗粒** 手感如岩石般粗糙的墙布很适合用在露台，它刻意营造粗犷的自然风景，对于现在越来越普遍的封闭式露台十分适用，配上绿色植物，这里便是自己营造的世外桃源（图4-6-16）。

图 4-6-15 卡通墙布

图 4-6-16 粗犷颗粒墙布

**9.天然质感** 如图4-6-17所示，天然织物如麻、棉、丝等的质感给人温暖亲切的感觉，可选用本色或是温和的米灰色，含蓄而不张扬。宽大厚重的家具风格很适合这类墙面贴饰类织物。如用在书房卧室更可以营造宁静平和的氛围。

**10.木质淳朴** 如图4-6-18所示，淳朴的类似木纹的墙布纹理生动自然，以搭配原木色家具为佳，但要注意家具与墙布的纹理配合。

图 4-6-17　天然质感墙布

图 4-6-18　木质淳朴墙布

**11. 典雅条纹**　如图 4-6-19 所示，典雅条纹是墙布的传统图案，大方稳重。如选用这类图案最好是清新淡雅的色调，使用后会使居室显得更加明亮，而竖型条纹具有恒久性、古典性、现代性与传统性等各种特性，最为常用。长条状的设计可以把颜色用最有效的方式散布整个墙面，而且简单高雅，非常容易与其他图案相互搭配。这一类图案长宽大小兼有。由于长条状的设计会有将视线向上引导的效果，因此，会对房间的高度产生错觉，非常适合用在层高较矮的房间里。

图 4-6-19　典雅条纹墙布

## 六、墙面贴饰类纺织品的设计与开发

织物墙布将向环保、回归自然、民族化、个性化方向发展。装饰性和功能性的完美结合将是墙布的发展方向。

**1. 多功能墙布**　该墙布将纯棉与非织造布采用针刺方法连结成一体，然后利用配套复合胶将纯棉印花装饰布与已连结好的纯棉/非织造布进行黏结复合，制成的具有三层构造的室内装饰墙布。其中，对纯棉、纯棉印花装饰布和非织造布采用纳米材料进行功能化处理，具有集阻燃、抗菌、防霉、防静电、隔音、隔热及表面防水、防油、防污等多种功能于一体。该产品采用配套墙体胶进行墙布粘贴，可直接粘贴于水泥墙面上。适用于公共建筑及居住建筑的内墙装饰。

多功能墙布以防污、阻燃、节能、抗菌和降噪为主要特点，不仅丰富了墙布的功能，提高了产品技术含量和附加值，实现了差异化竞争，扩展了企业利润空间，该产品花色品种丰富、施工简单，价格也非常具有市场竞争力。该产品主要原材料为纯棉印花布和纯棉，生产没有三废排放，符合节能减排要求，同时可带动纺织产业的发展，并且对于创建资源节约型和环境友好型社会，保障人民健康具有重要意义，社会效益明显。

**2. 纳米材料墙布**　目前应用在奥运场馆建筑中的二元协同纳米界面材料，就是利用了光照射下的二氧化钛表面在纳米区域能够形成亲水性和亲油性两相共存的二元协同纳米界面结构。

"二元协同纳米界面材料"是一个材料科技上的新概念，它不同于传统的单一体相的材料，主要是利用了两种性质相反的材料，在纳米尺度下体现出特殊的"相互协同"相互作用的功能，在材料的宏观表面体现出奇特的性能。现代物理研究表明，物质具有二元协同互补性，这是一个普遍适用的概念。可以表现为多种形式，包括亲水性与疏油性（亲油性与疏水性）、导电性与绝缘性、氧化性与还原性、凸凹等表面几何结构的互补性、稳定性与亚稳态等。在常态下，材料的表面相与界面相一般表现为一种单一的特性。但在尺度改变后达到纳米尺度下时，界面常常表现出超常的性质。同时，由于具有凝聚态物质的表面相具有与其体相十分不同的对称性和自由能。而当物质从宏观尺度减小到纳米尺度时，物质表现相对于材料性能将出现重大影响。"二元协同纳米界面材料"就是基于以上思想，在材料的宏观表面建造二元协同纳米界面结构，形成与传统的单一体相材料不同的物相。

二元协同纳米界面材料的设计思想是通过特殊的表面加工，将两种不同性质的物质"交错混杂"在新型材料界面的二维表面相区内，而这种二维表面相区的面积和两相构建的界面都是"纳米"级尺寸的。已经有研究表明，这些具有不同理化性质的纳米相区，具有某种"协同"的相互作用和功能，在其形成的新型界面材料的宏观表面上体现出一种稳定的超常规的性能，包括"双亲"或"双疏"的效果。

目前，二元协同纳米界面材料的进展总结为三类：超双亲性界面物性材料，即同时具有超双亲性及超亲油性的表面功能材料；超双疏性界面物性材料，即同时具有超疏水及超疏油性的表面材料；以及在纳米尺度下光阳极、光阴极两相共存的高效光催化界面材料等。

**3. 竹炭纤维非织造墙布**　以竹炭纤维为原料制备针刺非织造布，运用后整理方法将活性炭加入到非织造布中。研究后整理工艺对活性炭载炭量的影响，以期获得吸附性良好的非织造布，广泛用于室内装饰和生活用品，例如，地毯、窗帘、墙布、家具包覆材料以及防臭鞋垫、抹布等除异味产品。

## 七、墙面贴饰类纺织品的生产工艺

**1. 在制革工艺上，必须选择纯干法制作工艺线路**　首先，从耐老化、耐久性来讲，只有全PU纯干法，才能达到十年以上的耐久性和耐老化效果。半PU或"贝斯"贴面产品，由于PVC易老化，"贝斯"易水解，其耐久性都不如全PU纯干法生产的合成革。其次，半 PU 中的 PVC 中，含有"DOP"增塑剂成分，这些"DOP"会渗到皮革表面，造成表面污染，对人体有害，故不提倡使用。"贝斯"尽管软性好，肌肤感强，但由于其中含有少量的"DMF"有害溶剂，这部分溶剂将会逐步释放到空气中，故环保性能不够，因此，选择纯 PU 纯干法工艺是最佳方案。

**2. 在树脂选择上，选用水性 PU 树脂**　用水性 PU 树脂加工的纯干法合成革，不仅富有弹性，而且具有真皮一样的触感，同时还能实现完全的环保性，这就彻底改变了其他家居装饰材料油漆气味重、不环保的致命缺点。同时，由于水性 PU 制作的合成革具有较多的微孔结构，可以在真正意义上实现既隔音又保温的效果。

**3. 在基材选择上，选择耐久、阻燃型基布**　基布的好坏，对家居内饰革至关重要。首先，革基布要考虑不能有弹性，否则会影响使用操作性。因此，可选用机织布，尽量不使用弹性大的针织布。其次，选用耐久性较好的基布，这对延长内饰革的使用寿命起到至关重要的作用。再次，选用经阻燃处理的基布。当然，阻燃性的提高一是要求基布的阻燃，二是要求树脂具备阻燃功能，这样才能更好地提高阻燃效果。国内家居革的生产技术瓶颈问题已经初步突破，市场前景日益明朗。一是现已生产出高耐久的纯干法合成革，其耐久性可达 20 年以上，而且易于装饰，不卷边；二是抗污防污能力获得极大的提高；三是水性 PU 树脂被应用 NT 制革界，原来油性合成革的有毒有味得到了彻底的改变；四是阻燃型合成革己开发成功，合成革制品已达到阻燃或难燃 B 级以上。

### 八、墙面贴饰类纺织品市场前景和未来应用展望

内敛的奢华，雍容的大度，贵气逼人的自然，美轮美奂的色彩花纹，丝绒肌肤的质感，耐污抗污易洗的功能，让内墙装饰呼之欲出，这不仅给私家装饰，更是给办公室、餐厅、宾馆、学校、KTV 歌厅、健身房等大量公众场所的华丽装饰带来了应用希望。

给墙壁披上外衣使它温暖，让墙壁散发芬芳使它不再排毒，让墙壁长久保持亮艳使它不再粘脏受污，是人们多年以来的追求。相信未来生态型墙布的问世，不仅会改变千百年来墙壁的本身，更将改变同墙壁朝夕相处的人们的空间和生活。

墙面贴饰类织物的色彩花型丰富，消费者可以根据室内的家居色彩而协调选择。如冷色调有白色、奶白色、淡蓝、水绿、鹅黄等，暖色调有金黄、橘红、大红。春秋色有奶黄、浅棕、灰色等。在美国家庭居室较多使用绉纸作底布，以粗支线同花色纱并捻成股线，经过工艺整理平行排列于整张绉纸上，便成为理想的墙面贴饰织物，这种墙面贴饰织物不仅在美国广泛使用，在加拿大、德国也很流行。据有关部门测定，用纺织纤维的墙面贴饰类墙布，隔音效果将比一般墙纸好 10 分贝。据专家预测，将来墙面贴饰织物将向更环保、自然、艺术、民族化、个性化的方向发展。

---

### 思　考　题

1. 简述地毯织物的结构特征及功能与性能要求。

2. 请介绍至少两种常见的地毯。

3. 简述挂帷遮饰类纺织品的功能与性能要求。

4. 请介绍至少两种常见的挂帷遮饰类纺织品。

5. 简述床上用品类纺织品的基本功能与性能要求。

6. 简述家具覆饰类纺织品的基本功能与性能要求。

7. 请介绍至少两种常见的家具覆饰类纺织品。

8. 简述卫生餐厨类纺织品的基本功能与性能要求。

9. 请介绍各一种常见卫生和餐厨类纺织品。

10. 简述墙饰贴饰类纺织品的基本功能与性能要求。

# 参考文献

[1] 翁越飞. 提花织物的设计与工艺 [M]. 北京：中国纺织出版社，2003.

[2] 马顺彬. 抗菌阻燃竹浆/棉簇绒地毯的开发 [J]. 产业用纺织品，2014 (8)：5-8.

[3] 姜淑媛. 小型阻燃地毯产品设计与开发 [J]. 黑龙江纺织，2009 (3)：17-19.

[4] 范丽霞，李月，姚佳，等. 窗帘织物与室内空间环境的配套设计 [J]. 丝绸，2012，49 (7)：55-60.

[5] 陈小燕，范广哥. 竹节纱窗帘的开发与应用 [J]. 武汉科技学院学报，2007，20 (2)：6-9.

[6] 李秀丽，丛洪莲，蒋高明. 经编窗帘面料的生产与开发 [J]. 纺织导报，2011 (2)：50-54.

[7] 杨大伟，缪旭红. 经编半遮光窗帘的工艺设计与产品开发实践 [J]. 上海纺织科技，2015，43 (4)：47-49.

[8] 朱洪英，李敬君. 芳纶1313/阻燃粘胶窗帘面料的开发与设计 [J]. 化纤与纺织技术，2015，44 (3)：19-22.

[9] 郁兰，王慧玲，周彬，等. 纬三重大提花窗帘的设计与开发 [J]. 上海纺织科技，2015 (10)：57-58.

[10] 姜竹迪. 山羊绒手工地毯产品的开发实践 [J]. 毛纺科技，2015，43 (9)：14-16.

[11] 杨菊红. 竹纤维床上用品设计及性能研究 [J]. 山东纺织经济，2011 (1)：68-70.

[12] 郭雪峰，谭慧慧，张际仲. 家居床上用品印花图案的设计与应用 [J]. 纺织科技进展，2016 (10)：26-32.

[13] 黄紫娟. 竹纤维家用纺织品的设计与开发 [J]. 江苏丝绸，2013 (1)：40-41.

[14] 王文志. 床上用品的设计风格探讨 [J]. 烟台南山学院学报，2014 (4)：47-49.

[15] 蔡永东. 麻赛尔/莫代尔/棉混纺仿毛床上用品面料的设计与生产 [J]. 毛纺科技，2016，44 (2)：18-20.

[16] 张陶，沈亚倩，平晓清，等. 棉质彩织在家纺领域的应用方式 [J]. 棉纺织技术，2014，42 (10)：74-76.

[17] 邱新标. 非织造装饰墙布的研制及其应用 [J]. 产业用纺织品，2000，18 (7)：23-24.

[18] 沈艳琴，武海良，吴长春，等. 纺织装饰墙布结构设计与性能分析 [J]. 西安工程大学学报，2008，22 (3)：269-274.

[19] 吕灵凤. 浅谈竹炭纤维装饰墙布的结构设计 [J]. 商情，2010 (37)：138-138.

# 第五章　装饰用纺织品的处理技术

> **● 本章知识点 ●**
>
> 1. 阻燃机理，纤维素纤维织物、涤纶织物和涤棉混纺织物的阻燃整理工艺。
> 2. 抗静电的方法。
> 3. 其他处理技术如卫生整理、易去污整理、生物整理、涤纶仿真丝整理、防紫外线整理。

## 第一节　概述

装饰用纺织品的处理技术即纺织品的后整理技术。纺织品后整理是通过化学或物理的方法改善纺织品的外观和手感、增进使用性能或赋予特殊功能的工艺过程。该过程包括纺织品的染色、印花、涂层和层压及其他各种后整理技术。由于装饰用纺织品可用于地毯、挂帷、床上用品、家居覆饰、卫生和餐厨织物中，因而装饰用纺织品的处理技术集中介绍了阻燃和抗静电处理，同时简单介绍了卫生整理、易去污整理、生物整理、涤纶仿真丝整理和防紫外线整理等后整理方法。

装饰用纺织品具有燃烧性能。在纺织品燃烧中，热裂解是至关重要的步骤，它决定了裂解产物的组成和比例。有效控制热裂解可以有效控制装饰用纺织品的燃烧。纤维分为热塑性纤维和非热塑性纤维，其中纤维素纤维织物的阻燃整理工艺，按其阻燃性能的耐洗涤程度可分为暂时性阻燃整理、半耐久性阻燃整理和耐久性阻燃整理三类，通过对纤维进行阻燃整理，更有利于增强装饰用纺织品的阻燃性。对于装饰用纺织品而言，除了要具有良好的阻燃性，抗静电性也是至关重要的。抗静电整理的方法分为物理抗静电整理方法和化学抗静电整理方法，其中物理方法是通过和导电或抗静电纤维混纺、油剂增强摩擦性来提高介电常数，达到抗静电的效果；化学方法主要有提高纤维的吸湿性和表面离子化的方法来提高抗静电性能。

## 第二节　阻燃整理

常见的纺织纤维都是有机聚合物，在300℃左右就会裂解，生成的部分气体与空气混合形成可燃性气体，这种混合可燃性气体遇到明火会燃烧。经过阻燃整理的纺织品，虽然在火焰中达不到完全不燃烧，但能使其燃烧速度缓慢，离开火源后能立即停止燃烧，这就是阻燃整理要达到的目的。发达国家对纺织品的阻燃制定了系统的法规，我国1998年颁布实施了《消防法》，规定公共场所的室内装修、装饰应当使用不燃或难燃材料，使阻燃材料的应用有了法律保障。

纺织品的阻燃性能主要通过两种途径获得，对纺织品进行阻燃整理和使用阻燃纤维，前者加工容易，成本低，但耐久性不及后者。

### 一、纺织品的燃烧性

纺织品燃烧的过程包括受热、熔融、裂解和分解、氧化和着火等阶段，如图5-2-1所示。纺织品受热后，首先是水分蒸发、软化和熔融等物理变化，继而是裂解和分解等化学变化。物理变化与纺织纤维的比热容、热传导率、熔融热和蒸发潜热等有关；化学变化与纺织纤维的分解和裂解、空气混合、分解潜热的大小有关。当裂解和分解产生的可燃性气体与空气混合达到可燃浓度并遇到明火时，着火燃烧，产生的燃烧热使气相、液相和固相温度上升，燃烧继续维持下去。影响这一阶段的因素主要是可燃性气体与空气中氧气的扩散速度和纤维的燃烧热。若燃烧过程中散失的热量不影响邻近纺织品燃烧所需的热量，燃烧便向邻近蔓延。

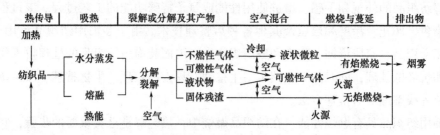

图5-2-1　纺织品燃烧的模式

纺织品燃烧中，热裂解是至关重要的步骤，它决定裂解产物的组成和比例，对能否续燃关系极大，决定了纤维的燃烧性。由纤维对热的一些物理常数能概略地看出各种纤维的燃烧性能。一些常见纤维的燃烧性能见表5-2-1。

纤维的可燃性可用极限氧指数（LOI值）来表示。极限氧指数是指纤维在氮氧混合气体中保持烛状燃烧所需要的氧气的最小体积分数。空气中，氧气的体积百分浓度为21%，但发生火灾时，由于空气的对流、相对湿度等环境因素的影响，达到自熄的LOI值有时必须超过27%。一般来说，LOI<20%的为易燃纤维，20%~26%的为可燃纤维，26%~34%的为难燃纤维，35%以上的为不燃纤维。

纤维对热的作用可分为两类，一类是热塑性纤维，$T_g$和（或）$T_m < T_p$和（或）$T_c$；另一类是非热塑性纤维，$T_s$和（或）$T_m > T_p$和（或）$T_c$。非热塑性纤维在加热过程中不会软化、收缩和熔融，热裂解的可燃性气体与空气混合后，燃烧生成碳化物。这类纤维主要是各种天然纤维以及阻燃和耐高温纤维，如诺曼克斯和凯夫拉等。热塑性纤维在加热过程中，当温度超过 $T_g$ 会软化，达到 $T_m$ 时熔融变成黏稠橡胶状，燃烧时熔融物容易滴落，造成续燃困难，但高温熔融物会黏着皮肤造成深度灼伤。此类纤维主要是涤纶、锦纶等合成纤维。这两类纤维混纺的纺织品燃烧时，非热塑性纤维的炭化对热塑性纤维的熔融物起骨架作用，使熔融物滴落受阻，造成比单独一种纤维更容易燃烧，这种现象叫骨架效应。用扫描电子显微镜对涤棉混纺织物的燃烧过程进行观察证实，它们与蜡烛的燃烧现象很相似，这正是涤棉混纺织物阻燃整理的困难所在。根据燃烧形态对纤维的分类见表 5-2-1。

表 5-2-1　不同燃烧形态的纤维分类

| 燃烧性 | 纤维的品种 | 燃烧形态 |
|---|---|---|
| 不燃性 | 玻璃纤维、石棉、碳纤维 | 非熔融 |
| 阻燃性 | 阻燃整理棉、羊毛、阻燃高性能纤维 | 非熔融 |
| | 氯纶、改性腈纶、阻燃腈纶 | 收缩 |
| | 阻燃涤纶 | 熔融 |
| 准阻燃性 | 羊毛 | 非熔融 |
| 可燃性 | 涤纶、锦纶、丙纶 | 熔融 |
| 易燃性 | 棉、腈纶、醋酯纤维 | 非熔融 |

## 二、阻燃机理和阻燃剂

### （一）阻燃机理

纤维的裂解是纤维燃烧的最重要环节，因为裂解将产生大量的裂解产物，其中可燃性气体或挥发性液体将作为有焰燃烧的燃料，燃烧后产生大量的热，又作用于纤维使其继续裂解，使裂解反应循环下去。提高成纤高聚物的热稳定性即提高热裂解温度，抑制可燃性气体的产生，增加碳化程度，从而使纤维不易燃烧。可有以下途径：在大分子链上引入芳环或芳杂环，增加分子链的刚性，提高大分子链的密集度和内聚力来增加纤维的热稳定性；通过纤维中线性大分子链间交联反应变成三维交联结构，从而阻止碳链断裂，成为不收缩、不熔融的纤维；通过大分子中的氧、氮原子与金属离子螯合交联形成立体网状结构，提高热稳定性，促进纤维大分子受热后碳化，从而具有优异的阻燃性；将纤维在高温（200~300℃）空气氧化炉中处理一定时间，使纤维大分子发生氧化、环化、脱氧和碳化等反应，变成一种多共轭体系的梯形结构，从而具有耐高温性能。

从燃烧过程看，要达到阻燃目的，必须切断由可燃物、热和氧气三要素构成的燃烧循环。阻燃作用的机理有物理、化学及两者结合作用等多种形式。阻燃剂与燃烧有着密切的关系。最新的观点认为燃烧应有四要素：燃料、热源、氧气、链反应。织物燃烧又可分为三个阶段，即热分解、热引燃、热点燃。对不同燃烧阶段的四要素采用相应的阻燃剂加以抑制，就形成了各种各样的阻燃机理及中断阻燃机理。

阻燃剂受热后在纤维材料表面熔融形成玻璃状覆盖层，成为凝聚相和火焰之间的一个屏障，这样既可隔绝氧气，阻止可燃气体的扩散，又可阻挡热传导和热辐射，减少反馈给纤维材料的热量，从而抑制热裂解和燃烧反应。例如，硼砂—硼酸混合阻燃剂对纤维的阻燃机理可用此理论解释。在高温下，硼酸可脱水、软化、熔融而形成不透气的玻璃层黏附于纤维表面。某些热容量高的阻燃剂在高温下发生相变、脱水或脱卤化氢等吸热分解反应，降低了纤维材料表面和火焰区的温度，减慢热裂解反应的速度，抑制可燃性气体的生成。如三水合氧化铝分解时可释放出三个分子水，转变为气相需要消耗大量的脱水热。

具有高热容量的阻燃剂在高温下发生相变、脱水或脱卤化氢等吸热分解反应，降低纤维表面和火焰区的温度，减慢热裂解反应速度，抑制可燃性气体生成。阻燃剂吸热分解后释放出不燃性气体，如氮气、二氧化碳、氨、二氧化硫等，这些气体稀释了可燃性气体或使燃烧过程供氧不足。不燃性气体还有散热降温作用。阻燃剂吸热变成气体，该气体在火焰区大量捕捉高能量的轻基自由基和氢自由基，降低它们的浓度，从而抑制或中断燃烧的连锁反应，在气相发挥阻燃作用。在热和能量的作用下，阻燃剂转变成熔融状态，在织物表面形成不能渗透的覆盖层，成为凝聚相和火焰之间的一个屏障，可阻挡热传导和热辐射，减少反馈给纤维材料的热量，从而抑制热裂解和燃烧反应。若在可燃气体中混有一定量的惰性微粒，不仅能吸收燃烧热，降低火焰温度，而且能在微粒的表面上将气相燃烧反应中大量的高能量氢自由基转变成低能量的氢过氧自由基，从而抑制气相燃烧。

通过阻燃剂的作用，在凝聚相反应区，改变纤维大分子链的热裂解反应过程，促使发生脱水、缩合、环化、交联等反应，直至碳化，以增加碳化残渣，减少可燃性气体的产生，使阻燃剂在凝聚相发挥阻燃作用。

目前，国内外开发的阻燃整理剂是含有磷、氮、氯、溴、锑、硼等元素的化合物，纤维素的阻燃剂以含磷为主。有关阻燃的机理有多种解释，对纤维素而言，阻燃剂所含磷在高温下产生磷酸酐或磷酸，对纤维素有强烈的脱水作用，使纤维碳化，减少可燃气体的生成，磷酸酐会产生玻璃状的熔融物覆盖在织物上，促使生成二氧化碳，减少一氧化碳量，产生阻燃效果。各种元素的阻燃机理各不相同。纤维素纤维的阻燃剂可分为非永久性、半永久性和永久性3种。非永久性阻燃剂品种很多，如各种金属盐、硼化合物、氯化石蜡等，经常是数种混用，效果较好，成本较低，但不耐洗且有使织物强度下降的弊病。

### (二) 阻燃剂

具有阻燃效果的元素，主要限于元素周期表中Ⅲ族的硼和铝，Ⅳ族的钛和锆，Ⅴ族的氮、磷和锑以及Ⅶ族的卤素。硼和铝化合物在织物上常用作不耐洗的阻燃整理剂。如硼砂和硼酸按1∶0.4~1（摩尔比）配制的水溶液，即可用作棉织物的阻燃剂，其阻燃性作用可能与其熔点较低，又会形成玻璃状涂层覆盖在纤维表面有关。氢氧化铝受热时会分解成氧化铝和水，分解时吸收大量的热量是其阻燃作用的主要方面，其次是产生一定量的水分。

铁和锆化合物主要用于羊毛纤维的阻燃整理，它们与羊毛纤维中的—$NH_3^+$形成离子键结合。在棉纤维上以形成络合物而达到阻燃作用。

氮化合物不能单独作阻燃剂，但与磷化合物混用时才会有协和阻燃效果。磷是阻燃剂中的一个最大的家族，具有阻燃作用的化合物有磷酸铵和聚磷酸铵类、磷酰胺类、磷酸酯类、亚磷酸酯类、脱磷酸酯类等。磷元素对纤维素纤维的阻燃作用主要是脱水作用，属凝固相阻燃作用。

三氧化二锑单独作阻燃剂不常见，与卤素阻燃剂混用可产生良好的协和阻燃效果，主要用于合成纤维及其与纤维素纤维的混纺织物。

含卤素的阻燃剂主要是有机化合物，其中以溴化合物居多。其阻燃作用是在燃烧气体中生成卤元素游离基，与高能量游离基产生链转移反应而阻止燃烧反应进行，其生成的卤化氧气体本身有稀释作用，也能起一定的抑制燃烧的作用，这类阻燃剂的阻燃作用主要是在气相中进行的。

### 三、阻燃整理工艺

#### （一）纤维素纤维织物的阻燃整理

纤维素纤维织物的阻燃整理工艺，按其阻燃性能的耐洗涤程度可分为暂时性阻燃整理、半耐久性阻燃整理和耐久性阻燃整理三类。

**1. 暂时性阻燃整理**　暂时性阻燃整理是利用水溶性阻燃整理剂，如硼砂、硼酸、磷酸二氢铵、磷酸氢二铵和聚磷酸铵等，用浸渍、浸轧、涂刷或喷雾等方法均匀施加于织物上，经烘燥即有阻燃作用，适用于不需要洗涤或不常洗涤的棉和黏胶纤维纺织品如窗帘、床罩等，处理方便，成本较低，但不耐洗涤。织物经水洗后，其阻燃性能可再行处理使之恢复。

**2. 半耐久性阻燃整理**　半耐久性阻燃整理是指整理后的织物能耐 10~15 次温和洗涤仍有阻燃效果，但不耐高温皂洗，这种整理工艺适用于室内装饰布等。半耐久性阻燃整理的阻燃剂多数是磷酸和含氮化合物的组合物，如尿素—磷酸、双氰胺—磷酸等。这类整理经高温处理，能使纤维素纤维变成纤维素磷酸酯而产生半耐久的阻燃效果。

**3. 耐久性阻燃整理**　耐久性阻燃整理所整理的产品能耐 50 次以上洗涤，而且能耐皂洗，适用于经常洗涤的纺织品，如工作防护服、消防服等。耐久性阻燃整理大多采用以有机磷为基础的阻燃剂，其中以 N–羟甲基二甲基磷酸基丙酰胺（NMPPA）和四羟基氯化磷最为常用，这些整理剂可与纤维素纤维上的羟基发生化学结合而赋予整理效果以耐久性。

N–羟甲基二甲基磷酸基丙酰胺，首先由瑞士 Ciba-Geigy 公司推出，商品名为 Pyrovatex-CP，现已有耐洗性更佳的 PyrovatexCP new。我国的同类商品有阻燃剂 CFR–201、FRC–2、SCp–1、CR3031、FR–101 等。

NMPPA 一般和树脂并用，其整理工艺流程如下：

室温浸车（带液率 85%~100%）→烘干（105℃）→焙烘（150~160℃，3~5min）→中和皂洗（皂粉 2g/L，纯碱 20g/L，80℃）→热水洗→水洗→烘干

焙烘时和纤维反应，产生耐洗的阻燃效果。

#### （二）涤纶织物的阻燃整理

涤纶缺乏反应性基因，只能用吸附固着或热熔固着的方法进行阻燃整理。涤纶织物常

用的阻燃剂有磷系和溴系两大类。

**1. 磷系阻燃剂及其整理工艺** 磷系阻燃剂较为著名的是环磷酸酯，由磷酸酯和双环亚磷酸酯反应而成。

国外产品如美国 Mobil 公司的 Antiblaze19T、日本明成化学公司的 K-194 等，国内同类产品有阻燃剂 FRC-1。

工艺流程：二浸二轧（轧余率70%）→烘干→焙烘（175～200℃，30 s～1 min）→水洗→烘干。

**2. 溴系阻燃剂及其整理工艺** 溴系阻燃剂是涤纶织物阻燃整理中应用的最主要的品种，目前应用最多的是六溴环十二烷和十溴二苯醚。六溴环十二烷可采用轧烘焙工艺或高温高压（与分散染料同浴）工艺，这类阻燃剂如 PhosconFR-1000。十溴二苯醚需借助聚丙烯酸酯类黏合剂使它附着于织物上，这类阻燃剂如 CalibanF/RP-53 等。本节介绍六溴环十二烷阻燃整理工艺。

（1）轧烘焙阻燃整理工艺。

工艺流程：二浸二轧（轧液率60%）→烘干→焙烘（150～200℃，1～2 min）→皂洗（洗涤剂 1g/L，纯碱 2g/L，55～60℃）→温水洗→水洗→烘干。

（2）高温高压阻燃整理工艺。

工艺流程：与高温高压染色法相同，可同浴进行。

**（三）涤棉混纺织物的阻燃整理**

涤棉混纺织物燃烧时，由于棉纤维的炭化对涤纶的熔融物起了骨架作用，使得可燃性大大增加。因此，涤、棉混纺织物的阻燃整理比涤纶和棉具有更高的难度。

涤棉混纺织物的阻燃整理，可按两种纤维选择各自合适的阻燃剂和阻燃工艺，分别对其进行阻燃整理，这种工艺可以达到较好的阻燃效果，但工艺复杂，成本很高，难以适应市场的需要。

涤棉混纺织物要达到预定的阻燃效果，也可以采用阻燃涤纶与棉混纺，不过这类织物仍需进行阻燃整理。这类混纺织物的阻燃整理比较方便，按棉织物的阻燃整理工艺即可。

目前，涤纶比例大于50%的涤棉混纺织物，尚无成本适中、各项物理性能均优良的阻燃整理工艺。65/35 混纺比的涤棉混纺织物，阻燃整理的手感尚有待于进一步研究和改进。

若涤棉混纺织物中涤纶含量在15%以下，用纯棉织物的阻燃整理工艺能基本满足阻燃整理要求。

涤棉混纺织物目前主要采用溴系和 THPC（四羟甲基氯化磷）—氨预缩合物两种阻燃剂。

**1. 溴系阻燃剂阻燃整理工艺**

工艺流程：二浸二轧（轧余率70%～100%）→烘干→熔烘（150～190℃，30～90s）→水洗→烘干。

**2. THPC（四羟甲基氯化磷）—氨预缩合物整理工艺**

工艺流程：二浸二轧（轧余率70%）→烘干→焙烘（150～155℃，3min）→氧化

（$H_2O_2$ 2g/L，纯碱调节 pH 至 10，50~60℃）→皂洗→水洗→烘干。

**（四）毛织物的阻燃整理**

羊毛纤维的含氮量、回潮率、着火温度（超过 560℃）和极限氧指数高，本身具有阻燃性能，属于难燃性纤维。但在适当的条件下（如有很强的热源，表面有绒毛或空隙率大）接近火焰时，羊毛也会燃烧，并释放出有毒气体，所以提高羊毛制品的阻燃性能也相当重要。

羊毛的阻燃整理被广泛应用的是由 IWS 开发的 Zirpro 整理法，此外还有含卤素的有机酸法以及它与 Zirpro 整理法相结合的整理方法。本节简单介绍 Zirpro 整理法。

**1. Zirpro 阻燃整理的原理**　Zirpro 是英文 Zirconium 和 Process 的缩写，含义为含锆加工。ZirPro 整理是使用氟化锆或氟化钛的金属络合物在强酸性条件下（pH<3）处理羊毛，它们可以与羊毛中的—$NH_3^+$ 形成离子键结合，生成的产物在多次洗涤后发生水解，水解产物为 $ZrOF_2$、$TiOF_2$，它们具有阻燃能力。而且在着火时能覆盖在纤维表面促进羊毛炭化，阻止空气中氧气的充分供给，也能阻止可燃性气体的大量逸出，从而达到阻燃目的。

**2. Zirpro 阻燃整理工艺**　锆、钛的氟络合物结构简单，离子体积小，在低温（60~70℃）下便能与羊毛充分结合，特别适合于已染色的羊毛织物和对沸煮敏感的织物。$K_2TiF_6$ 易使羊毛出现轻微泛黄，故羊毛的阻燃整理实际上以 $K_2ZrF_6$ 为主。

（1）吸尽法。这种方法具有广泛的适应性，用于处理散毛、毛条、筒子纱、绞纱、织物甚至服装，而且能与强酸性浴染色的染料同浴处理，但多数情况下以一浴法处理为主。

（2）浸轧工艺。浸轧工艺流程可以采用轧→卷→洗→烘法、轧→蒸→洗→烘法或轧→烘→洗→烘法。

### 四、纺织品阻燃性能的测试方法

正确评价纺织品阻燃效果对研究开发纺织品阻燃整理技术是十分重要的一环。但需注意，对纺织品阻燃性能的测试是在限定条件下，相对地进行燃烧试验，采用标准规定的试验方法测定其阻燃性能指标，它只说明试样在可控的实验室条件下，对热或火焰的反应特征，不能说明或用以估计在实际火灾条件下，着火危险性大小和燃烧的程度；另外，纺织品的燃烧性可评定的指标很多，如着火性、火焰蔓延性、炭化面积或长度、燃烧温度、极限氧指数、发烟性等。但每一个指标只是对其燃烧性某一方面的反映，要根据产品的实际使用情况选择测试指标和试验方法（如试样的安装角度和火源大小等）。目前，国际上纺织品阻燃性能的测试方法和标准较多，而且每个国家对不同织物都有不同的测试方法和标准，一些国家的某些组织也有自己的测试方法和标准，ISO 以及国际上的一些联合机构如航空和海运等也有自己的测试方法。

**1. 试样的安装方法**　织物阻燃性能测试时按试样安装方法的不同分为水平法、45°倾斜法和垂直法三种，其中以水平法测试的阻燃性能要求为最低，垂直法为最高。不同用途的阻燃纺织品，测试其阻燃性能时，其试样安装方法应是不同的。我国 GB/T 5455—2014

规定有阻燃要求的服装织物、装饰织物、帐篷织物等采用垂直法测试阻燃性能。

**2. 测试内容**

纺织品阻燃性能的测试内容很多，主要有以下内容。

（1）试样的燃烧性。出样的着火性能如着火时间；燃烧和灭火性能如续燃时间（在规定的试验条件下，移开点火源后材料持续有焰燃烧的时间）、阴燃时间（在规定的试验条件下，当有焰燃烧终止后或者移开点火源后，材料持续无焰燃烧的时间）、炭化面积、损毁长度（垂直燃烧法测试时，材料损毁面积在规定方向上的最大长度）、火焰蔓延时间（试样表面燃烧蔓延的速度）等。

（2）试样燃烧的特征。如熔融蚀（一般指点燃次数，是燃烧掉一定长度的纺织品如9cm长度所需要点燃的次数，适用于熔融的纺织制品）；燃烧温度，包括最高热传导率、热传导时间；极限氧指数LOI；燃烧时产生的烟雾性或发烟性（用最大减光系数或比光密度来表示）；燃烧时所生成气体的成分和含量。

（3）安全性问题。如阻燃剂本身的毒性、安全性，阻燃服装对人体皮肤的过敏性和刺激性，阻燃整理纺织品在燃烧过程中产生的烟雾和分解放出的气体的毒性等。

# 第三节　抗静电整理

纤维材料相互之间或纤维材料与其他物体相摩擦时，往往会产生正负不同或电荷大小不同的静电。一般来说，几乎任何两个物体表面相互接触摩擦和随着分离都会产生静电。静电的产生机理至今还没有完全弄清，一般都用双电层分离理论来解释。当两个物体相接触，并且接触的表面距离小于 $2.5 \times 10^{-7}$ cm 时，物体表面分子会产生极化，其中一侧吸引另一侧的电子，而本侧的电子后移或电子从一个表面移往另一个表面，这样就产生双电层，形成表面电位或接触电位。当两物体急速相互移动而使两个接触表面分开时，如果该两物体都是良绝缘体，则介电常数大的一侧物体失去电子，表面带正电荷，介电常数小的另一侧物体得到电子，表面带等量负电荷，产生电压。

两物体表面的电荷特性取决于电子流和摩擦电序列，常用纺织纤维的电荷序列如下：+羊毛锦纶蚕丝黏胶纤维棉苎麻醋酯纤维维纶涤纶腈纶丙纶-。

## 一、抗静电的方法

消除织物上静电的方法一般可分为物理方法和化学方法。

### （一）物理抗静电方法

如利用上述纤维的电序列，将相反电荷进行中和来消除或减弱静电量，如涤棉的混纺；用油剂增加纤维的润滑性可以减小加工中的摩擦，如合成纤维纺丝时添加油剂。静电荷的大小，取决于纤维间的介质的介电常数，介电常数的数值越大，越易逸散静电。因此，若将纤维间的空气润湿，提高介电常数，就能减小带电量，如对起毛机的喷雾给湿来消除静电。

（二）化学抗静电方法

主要是利用抗静电剂对织物进行整理以及纤维改性来消除静电。

**1. 提高纤维的吸湿性**　用具有亲水性的非离子表面活性剂或高分子物质进行整理。水的导电能力比一般金属导体还高，如纯水的体积比电阻为 $10^6\Omega\cdot cm$，含有可溶性电解质的水的体积比电阻为 $10^3\Omega\cdot cm$，而一般疏水性合成纤维的体积比电阻达 $10^{14}\Omega\cdot cm$ 正由于水具有相当高的导电性，所以只要吸收少量的水就能明显地改善聚合物材料的导电性。因此，抗静电整理的作用主要是提高纤维材料的吸湿能力，改善导电性能，减少静电现象。但这类整理剂会因空气中湿度的降低而影响其抗静电性能。

**2. 表面离子化**　用离子型表面活性剂或离子型高分子物质进行整理。这类离子型整理剂受纤维表层含水的作用，发生电离，具有导电性能，从而能降低其静电的积聚。有些离子型抗静电剂能够中和纤维和织物上极性相反的电荷，也能起到一定的消除静电的作用。这种整理剂一般也具有吸水性能，因此，其抗静电能力与它的吸湿能力及空气中的相对湿度也有关系。

上述两类抗静电剂中有些具有长链脂肪烃结构，可以降低织物与织物或与其他物体之间的摩擦系数，也能提高抗静电作用。

## 二、抗静电整理剂及其应用

（一）非耐久性抗静电整理剂

非耐久性抗静电整理对纤维的亲和力小，不耐洗涤，常用于合成纤维的纺丝油剂以及不常用洗涤织物的非耐久性抗静电整理。这一类整理剂主要是表面活性剂。

**1. 阴离子型表面活性剂**　如烷基磷酸酯类化合物的抗静电性较强。

**2. 非离子型表面活性剂**　这一类整理剂具有亲水性基团如—OH、—$CONH_2$ 和聚醚基等。例如，脂肪胺和脂肪酰胺的聚醚衍生物都是良好的抗静电剂。

**3. 阳离子表面活性剂**　一般是季铵盐类，该类抗静电剂的活性离子带有正电荷，对纤维的吸附能力较强，具有优良的柔软性、平滑性、抗静电性，既是抗静电剂又是柔软剂，并且具有一定的耐洗性。在较低的相对湿度下，季铵盐类抗静电剂具有相对较高的保水能力，因此抗静电效果最佳。

非耐久性抗静电整理剂加工的一般工艺流程为：浸轧抗静电整理剂（一浸一轧或二浸二轧，5~20g/L）→烘干（100~130℃）。

（二）耐久性抗静电整理剂

耐久性抗静电整理剂实际上是含有亲水性基团的高聚物，能在纤维表面形成薄膜，赋予织物表面亲水性而产生防静电效果，在织物上具有较好的耐久性，能耐 20 次以上洗涤。但这类整理剂在湿度低时效果就不明显了。

**1. 高分子量非离子型抗静电整理剂**

（1）聚对苯二甲酸乙二酯和聚氧乙烯对苯二甲酸酯的嵌段共聚物（聚醚酯型抗静电剂）。这一类整理剂是染整加工中经常采用的抗静电剂，具有与涤纶相似的化学结构，例如：Permalose T、Permalose TG、Permalose TM、Zelcon 4780、Zelcon 4951、亲水性整理剂 FZ、抗静电剂 331 等。

这类整理剂的整理工艺流程为：二浸二轧整理剂→烘干→蜡烘（180~190℃，30s~1min）→水洗→烘干。高温处理的目的是促进共结晶作用，可与热定形同时进行。

（2）丙烯酸系共聚物。这一类整理均由丙烯酸（或甲基丙烯酸）和丙烯酸酯（如甲基丙烯酸甲酯、乙酯等）共聚而成，含有和涤纶相似的酯基，同属疏水基结合，其羧基定向排列，赋予织物表面亲水性而具有导电性能。例如 Migafor7053。

其整理工艺为：浸轧整理剂→烘干→焙烘。

（3）聚氨酯型。这一类抗静电剂的基本结构式为聚氧乙烯链段和酰胺基，它们都是很好的吸湿性基团。该类抗静电剂往往与其他类型的抗静电剂拼用，以获得更好的效果。

**2. 交联成膜的静电剂**　这一类抗静电剂通过交联成膜作用在纤维表面形成不溶性的聚合物导电层，如含聚氧乙烯基团的多羟多胺类化合物。

其中羟基和氨基能与多官能度交联剂反应生成线性或三维空白网状结构的不溶性高聚物薄膜，以提高其耐洗性能。所用的交联剂可以是在酸性条件下反应的 2D 树脂或六羟基三聚氰胺树脂，也可以是在碱性条件下反应的三甲氧基丙酰三嗪，它的抗静电性由聚醚的亲水性产生。

DP-16 是一种新型的耐久性抗静电整理剂，是主链为聚氧乙烯，侧链含有季铵盐阳离子的聚合物，侧链上还含有环氧基，在一定条件下可以起交联反应，使整理剂网状化，可提高抗静电的耐久性。

### 三、静电大小的衡量

纺织品静电性能指标主要有电阻（体积比电阻、质量比电阻、表面比电阻、泄漏电阻、极间等效电阻）、电量（样品上积聚的电荷量，如电荷面密度）、静电电压（样品受某种外界作用后，其上积累的相对稳定的电荷所产生的对地电压）、半衰期（静电衰减速度）等。

**1. 表面比电阻 $R_s$ 和半衰期 $t_{1/2}$**　表面比电阻 $R_s$ 是指电流通过物体 1cm 宽、1cm 长表面时的电阻，单位为 $\Omega$，表示物体表面的导电性能。半衰期 $t_{1/2}$ 是使试样在高压静电场中带电至稳定后，断开高压电源，使其电压通过接地金属而自然衰减，测定其电压衰减为起始电压一半时所需的时间，单位为 s，是衡量织物上静电衰减速度大小的物理量。

**2. 摩擦带电电压**　4cm×8cm 的试样夹置于转鼓上，转鼓以 400r/min 的转速与锦纶或丙纶标准布摩擦，1min 内试样带电电压的最大值，单位为 V。一般认为静电压在 500V 以下时，织物就具有抗静电性能。这种方法试样尺寸过小，对嵌织导电纤维的织物，因导电纤维的分布会随取样位置的不同而产生很大的差异，故不适合于含导电纤维纺织品的抗静电性能测试。

**3. 电荷面密度**　样品每单位面积上所带的电量，单位为 $\mu C/m^2$。试样在规定条件下以一定方式与锦纶标准布摩擦后用法拉第筒测得电荷量，再根据试样尺寸求得电荷面密度。这种方法适合于评价各种织物，包括含导电纤维的织物的抗静电性能。

**4. 工作服摩擦带电量** 用内衬锦纶或丙纶标准布的简单烘干装置（45r/min 以上）对工作服试样摩擦起电 15min，用法拉第筒测得的工作服带电量，单位为 μC/件。这种方法适合于服装的摩擦带电量测试。我国国家标准规定防静电工作服的带电电荷量应小于 0.6μC/件。

# 第四节 其他处理技术

装饰用纺织品的处理技术除了以前几节介绍的以外，还有包括卫生整理、易去污整理、生物整理、涤纶仿真丝整理和防紫外线整理等。下面就这几方面进行简单的介绍。

### 一、卫生整理

纺织品是微生物重要的传播媒介。微生物中有少量致病菌，如果纺织品沾上致病菌就会导致各种疾病。如对皮肤有侵害的皮肤丝状商（真菌类），在较高的温、湿度条件下会迅速繁殖，侵害皮肤浅部，引起湿疹、脚癣，大肠杆菌会引起消化系统疾病等。即使是非病原菌的繁殖、传播，也会使皮肤产生异常的刺激而引起不愉快的感觉。

纺织品卫生整理的目的就是使纺织品具有杀灭致病菌的功能，保持纺织品的卫生性，防止微生物通过纺织品传播，保护使用者免受微生物的侵害，并保护纺织品本身的使用价值，使纺织品不被霉菌等降解。经过卫生整理的纺织品还能治愈人体上的某些皮肤疾病，阻止细菌在织物不断繁殖而产生臭味，改善服用环境。可见，卫生整理主要是抑制被整理纺织品及与纺织品接触的人体皮肤上的细菌、真菌的生长和繁殖，起到抗菌防臭作用，卫生整理也可称为抗菌防臭整理或抗菌整理。

目前，国内外抗菌纺织品的生产主要有两种方法，一种是先制得抗菌纤维，然后再制成抗菌织物；另一种是将织物进行卫生整理而获得抗菌性能。前者所获得的抗菌效果持久，耐洗涤性好，但抗菌纤维的生产比较复杂，对抗菌剂的要求也比较高，一般多选用能耐高温的无机抗菌剂。后者的加工工艺比较简单，抗菌剂的选择范围广，但抗菌效果的耐洗涤性不及前者。当前市场上的各种抗菌织物，以后整理加工的居多，随着化学纤维的迅速发展和在纤维消费领域中逐渐占据主导地位以及化学纤维结构改性和共混改性技术的逐渐成熟，用抗菌纤维生产抗菌织物将是重要的发展方向。另外，有些纤维本身就具有抗菌作用，如甲壳素纤维。

### 二、易去污整理

易去污整理指的是使织物表面的污垢容易用一般洗涤方法除去，并使洗下的污垢不致在洗涤过程中再回沾的化学整理工艺。

织物在穿着过程中，由于吸附空气中的尘埃和人体排泄物以及沾污而形成污迹。特别是合成纤维及其混纺织物，容易带静电吸附污垢，并且由于表面亲水性差，洗涤中水不易渗透到纤维间隙，污垢难以除去，又因表面具亲油性，所以悬浮在洗涤液中的污垢很容易重新沾污到纤维表面，造成再沾污。增加合成纤维及其混纺织物易去污性的基本原理，是用化学方法增加纤维表面的亲水性，降低纤维与水之间的表面张力。其方法是在织物表面浸轧一层亲水性的高分子材料，如羧甲基纤维素、聚乙烯乙二醇和聚对苯二甲酸乙二醇酯的嵌段共聚物、丙烯酸含量大于20%的聚丙烯酸酯共聚物以及其他含有羧基、羟基、磺酸基等亲水性基团的高聚物，都可改善合成纤维及其混纺织物的易去污性。易去污整理后，还可增加织物的抗静电性，穿着舒适，手感柔软，但织物撕破强度有所下降。易去污性的测试方法：可用脂肪酸类、石蜡和炭黑等材料配制的人造污垢施于织物表面，再用洗涤剂溶液在洗衣机中洗涤后，用反射比色计测定织物洗涤前后的反射率。测定再沾污率的方法，是将织物放入配有人造污垢的洗涤液中，在洗衣机内洗涤，然后用反射比色计测定试样在沾污前后的反射率，对比评定。

### 三、生物整理

酶属于生物催化剂，具有作用的专一性和高效性，且反应条件温和，污染又小，在纺织品湿加工中的应用已有悠久的历史，如淀粉酶广泛用于棉织物的退浆和洗除印花糊料，蛋白酶用于丝织物的脱胶、缫丝前的煮茧（将茧丝上的丝胶适当膨润和部分溶解，促使茧丝从茧层上依次不乱地退解下来，便于缫丝）以及毛织物的前处理和后整理，果胶酶用于麻纤维的脱胶和棉织物的精练，过氧化氢酶用于氧漂后的双氧水去除，还原酶用于靛蓝染色等。

纤维素纤维织物用纤维素酶处理时，随着纤维素的水解，纤维或织物的重量逐渐减轻，纤维变细，纤维的表面形态发生变化，表面局部产生沟槽，纤维或织物表面的茸毛、小球减少。

纤维素酶对纤维素纤维织物的减量整理效果是多方位的。纤维素酶减量整理后，织物的硬挺度变小，手感、滑爽性、悬垂性、柔软性和丰满度提高。硬挺度的减小和织物减量后结构变松有关，滑爽度的提高和织物减量后表面性能的变化，如绒毛的消除、纤维表面摩擦系数的增加有关。悬垂性、柔软性和丰满度的提高也和减量处理后纤维之间的空隙增加、织物结构变松以及绒毛去除有关。减量处理使织物表面的纤维尖端分解、软化，细茸毛脱落，表面光洁，织纹清晰，织物光泽改善，可以达到生物抛光的目的，对麻类织物，还可以在一定程度改善刺痒感。茸毛脱落、表面滑爽还可以改善织物的起毛、起球性能。对普通Lyocell纤维织物，纤维素酶对纤维表面的切削作用能促进纤维原纤化，加工具有细腻手感的仿桃皮绒织物。对纤维表面的切削作用还可以便于表面的染料脱落，达到牛仔布水洗石磨的返旧效果。返旧整理的同时也有生物抛光、改善织物光泽和手感的作用。纤维素酶减量整理对织物的吸水性、吸湿性也有一定程度的改善。

#### 四、涤纶仿真丝整理

丝绸织物光泽柔和、手感滑爽、轻盈飘逸、穿着舒适，具有独特风格，在纺织工业中，仿制丝绸产品一直是引人注目的课题。

涤纶仿真丝绸整理是将涤纶织物放在一定条件的碱液中处理，利用碱对涤纶的水解剥蚀作用，赋予其丝绸般的风格、良好的手感、透气性和吸湿放湿性能，并保持了涤纶挺爽和弹性好的优点。

涤纶是对苯二甲酸乙二酯的缩聚物，大分子中含有大量的酯键，在强碱作用下酯键断裂，但由于涤纶结构致密，疏水性强，在水中不会溶胀，所以碱对涤纶的作用只在表面进行，当表面的大分子链水解到一定程度，产生大量的羧酸盐而逐渐溶解于水中，并暴露出新的表面，新的表面又逐渐开始水解，纤维逐渐变细，纤维及纱线间的空隙增加，透气性和纤维的相对滑移性增加，质量减轻，具有酷似真丝绸柔软、滑爽和飘逸的风格。同时涤纶表面的水解，使纤维表面龟裂，对光的反射作用柔和，从而赋予织物柔和的光泽。

#### 五、防紫外线整理

紫外线是一种波长在 200~400nm 范围内的电磁波，国际照明委员会将紫外光分为3个波段，即波长 400~320nm 的近紫外线（简称 UV-A）、波长为 320~280nm 的远紫外线（简称 UV-B）和波长为 280nm 以下的超短波段紫外线（简称 UV-C）。紫外线对人类以及地球上的所有生物都是必不可少的，因为它不仅具有杀菌消毒功能，还能合成具有抗佝偻病作用的维生素 D。因此，适当照射太阳光对身体是有好处的，但过多地接受紫外线却对身体有害。它主要影响眼睛和皮肤，引起急性角膜炎和结膜炎，慢性白内障等眼疾，严重的会诱发皮肤癌。

通过织物的紫外线由三部分组成，透过织物孔隙、波长没有改变的紫外线，被纤维吸收的紫外线以及入射紫外线与织物相互作用后漫射的紫外线。因此，减少织物的紫外线透过率有两个途径：改变织物组织结构以降低孔隙率或提高织物对紫外线的反射或吸收能力。

织物的防紫外线整理原理，即是在织物上施加一种能反射或能强烈选择性吸收紫外线，并能进行能量转换，以热能或其他无害低能辐射，将能量释放或消耗的物质。施加的这些物质应能反射或对织物的各项服用性能无不良影响。织物的防紫外线整理与高分子材料的耐光稳定性有相似之处。不过，耐光稳定性是保护高分子材料本身，防止因紫外线照射后引起自动氧化导致聚合物降解，而紫外线屏蔽整理是保护人体免遭过近的紫外线照射而引起伤害。

## 思考题

1. 阻燃整理的原理。

2. 抗静电整理的原理。目前应用的抗静电整理方法有哪些？

## 参考文献

［1］范雪荣，纺织品染整工艺学 ［M］.北京：中国纺织出版社，2006.

［2］陶乃杰等.染整工艺原理（第一～第四册）［M］.北京：纺织工业出版社，1987.

# 第六章 新技术在装饰用纺织品开发方面的应用

***本章知识点***

1. 应用于装饰用纺织品开发的新纤维。
2. 应用于装饰用纺织品开发的新技术。

## 第一节 新纤维在装饰用纺织品中的应用

随着科学技术的不断进步，人们消费水平的不断提升，人们对穿着的需求和要求也向更高的层次和要求发展。特别是装饰用纺织品使用领域不断扩大，新型纺织纤维原料需求量将大幅增加，纺织纤维原料将逐渐以可再生、可循环、可降解、对环境无害的生物质纤维为主要来源。一些具有特殊功能的资源可再生纤维如蚕丝、珍珠、芦荟、牛奶、竹炭、大豆等原生态纤维也应运而生。

### 一、新型纺织纤维的发展特点

（1）多元化和多样性。
（2）取材于廉价量多的农林牧自然资源，不过度依赖石油。
（3）生产过程清洁而且环保。
（4）对人体有良好的舒适性。

### 二、新型纤维及其应用

新型纤维指的是纤维的形状、性能或其他方面区别于传统纤维，且为了适应生产、生活的需要，在某些功能方面得到改善的纤维。新型纤维可以分为新型天然纤维、新型再生纤维素纤维、大豆蛋白纤维、水溶性纤维、功能性纤维、差别化纤维、高性能纤维以及高感性纤维等。

#### （一）新型天然纤维

**1. 彩色棉纤维**　彩色棉纤维的横向形态为腰圆形或椭圆形，中腔大，纵向形态类似白棉，扁平带状，有天然扭曲，其结晶度为 60%~70%，小于白棉，纤维素的含量小于棉纤维。天然彩棉纵向形态如图 6-1-1 所示。彩

图 6-1-1　天然彩棉纵向形态

色棉纤维长度偏短，强度偏低，马克隆值高低差异大，整齐度较差，短绒含量高，易褶皱等。目前天然彩色棉的市场份额还很微小，主要是由于彩色棉颜色浅，不够鲜艳，且品种少。

采用天然长绒彩棉，可以加工成柔软亲肤的床上用品。如图6-1-2所示。纤维具有蚕丝般光泽，对皮肤无刺激，不起静电不起球，舒适柔软细腻，自然亲肤，质地柔韧，原色织造没有印染。还可以加工成天然彩棉墙布，具有天然环保的优点（图6-1-3）。

图6-1-2 天然彩棉床上用品

图6-1-3 天然彩棉墙布

**2. 菠萝纤维** 菠萝纤维即菠萝叶纤维，又称凤梨麻，是从菠萝叶片中提取的纤维，属于叶片麻类纤维。菠萝纤维由许多纤维束紧密结合而成，每个纤维束又由10~20根单纤维细胞集合组成。纤维表面粗糙，有纵向缝隙和孔洞，横向有枝节，无天然扭曲。单纤维细胞呈圆筒形，两端尖，表面光滑，有线状中腔。菠萝纤维外观洁白，柔软爽滑，手感如蚕丝，故又有菠萝丝的称谓。菠萝纤维经深加工处理后，外观洁白，柔软爽滑，可与天然纤维或合成纤维混纺，所织制的织物容易印染，吸汗透气，挺括不起皱，穿着舒适，菠萝纤维如图6-1-4所示。

用转杯纺生产的纯菠萝纤维纱作纬纱，用棉或其他混纺纱作经纱，可生产各种装饰织物及家具布；在黄麻设备上生产的菠萝纤维、棉混纺纱可织制窗帘布、床单、家具布、毛巾、地毯等。

图6-1-4　菠萝纤维

**3. 木棉纤维**　纤维是锦葵目木棉科内几种植物的果实纤维，属单细胞纤维，其附着于木棉果壳体内壁，由内壁细胞发育、生长而成。一般长为8~32mm、直径为20~45μm。木棉是天然生态纤维中最细、最轻、中空度最高、最保暖的纤维材质。它的细度仅有棉纤维的1/2，中空率却达到86%以上，是一般棉纤维的2~3倍。木棉纤维具有光洁、抗菌、防蛀、防霉、轻柔、不易缠结、不透水、不导热、生态、保暖、吸湿性强等特点。其无与伦比的轻柔、保暖特性使其广泛应用在被褥、床垫、床单、床罩、线毯、毛毯、枕套、靠垫、面巾、浴巾、浴衣等家纺类产品中，也可以应用在隔热和隔声材料中，如图6-1-5所示。

图6-1-5　木棉纤维应用于隔热隔声墙布

**4. 桑皮纤维**　桑皮纤维是一种天然绿色纤维，属于韧皮纤维的一种。具有坚实柔韧、密度适中和可塑性强等特点，并有着优良的吸湿性、透气性、保暖性和一定的保健功效，其光泽良好、手感柔软、易于染色。天然桑皮纤维是采用生物技术离析桑皮中的纤维和果胶而得到的天然纤维，桑皮纤维含有护肤、养发、降血压等保健物质，是一种优良的新型保健纺织材料，其与棉、麻、丝等进行混纺或交织，可开发出更多的新产品，有着良好的市场前景。桑皮纤维因其耐磨透气、抑菌保健、外观挺括、悬垂性好，为充分发挥其抗菌抑菌保健功效，可用于开发床上用品、家具覆饰用纺织品和卫生盥洗用纺织品。

**5. 香蕉纤维**  香蕉纤维是利用香蕉茎秆为原料，采用生物酶和化学氧化联合处理工艺处理而制成的纤维，其具有质量轻、光泽好、吸水性高、抗菌性强、易降解且环保等功能。香蕉纤维的成功制取，极大地扩展了香蕉茎秆的应用，同时又缓解了国际天然纤维的短缺。随着生态组织理念在全球范围内的影响，绿色消费已成为纺织消费的主导模式。香蕉纤维作为一种源于绿色植物的新型天然纤维，其具有的一系列其他纤维无法比拟的优点，使之成为一种十分具有竞争力的纺织面料，业内专家将香蕉纤维面料誉为"21世纪最具有发展前景的纺织健康面料"。图6-1-6为香蕉纤维面料。

香蕉纤维可用于制作家庭用品，手工剥制的纤维可用于生产手提包和其他装饰用品，或是在黄麻纺纱设备上加工成纱，制作绳索和麻袋以及家纺用品。由于香蕉纤维轻且有光泽，吸水性高，也可以制成窗帘、毛巾、床单等。图6-1-7为香蕉纤维编织物。

图6-1-6  香蕉纤维面料

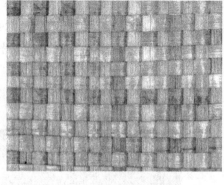

图6-1-7  香蕉纤维编织物

**6. 改性羊毛**  由于普通羊毛具有缩水、不可机洗、刺痒感等缺点，可采用物理或化学改性的方法对羊毛进行改性，使其具有更加优异的性能。物理改性的方法是对羊毛进行拉伸获得细绵羊毛，其可提高可纺纱支数，生产高档轻薄型毛纺面料。拉伸后的羊毛具有丝光、柔软的效果，其价值成倍提高。化学改性的方法是通过化学处理的方法将羊毛鳞片剥除，消除由表面鳞片引起的定向摩擦效应。改性后的羊毛光泽更亮丽，手感更滑糯。改性后的羊毛可以用于羊毛被等床上用品的开发。图6-1-8为改性羊毛被。

图6-1-8  改性羊毛被

### （二）新型再生纤维素纤维

新型再生纤维素纤维被誉为21世纪的"绿色纤维"，其具有手感柔软、悬垂性好、丝光般光泽、吸湿透气、抗静电、湿强高等特点。新型再生纤维素纤维主要包括Lyocell、Model等，新型纤维素纤维与其他纤维混纺产品日益扩大，突破了黏胶纤维主要用于粗梳毛织品的格局，应用于开发精纺产品与针织品，提高了产品档次，适宜制作高档床上用品。

**1. Lyocell 纤维**　Lyocell纤维纵面形态光滑且无沟槽，纤维聚合度、结晶度较高，大分子堆积比较有序，纤维缝隙空洞又少，纤维截面为圆形，所以纤维的强度较大，尤其是湿强，其湿强为干强的90%，较黏胶纤维有很大的提高，而黏胶纤维的湿强为干强的50%~60%。有棉的"舒适性"、涤纶的"强度"、毛织物的"豪华美感"和真丝的"独特触感"及"柔软垂坠"，无论在干或湿的状态下，均极具韧性。Lyocell更为独特的是具有原纤化特性，即天丝纤维在湿态中经过机械摩擦作用，会沿纤维轴向分裂出原纤。通过处理后可获得独特桃皮绒风格。图6-1-9为Lyocell纤维面料。

图6-1-9　Lyocell纤维面料

**2. Modal 纤维**　Modal纤维是奥地利兰精公司生产的，它是由木浆粕制造而成的新一代再生纤维素纤维，具有环保性，使用后可生物降解处理。其轻柔、滑糯，有丝的光泽且吸湿透气性好，染色均匀，色牢度好。其干强、湿强优于传统的纤维素纤维，可纺细号纱。与棉织物一起经过25次洗涤后，柔软度、亮洁度都比较好，柔软、光洁、色泽艳丽，织物手感特别滑爽，光泽亮丽。图6-1-10为Modal纤维面料。Modal纤维因其手感爽滑，柔软度好，经常用于制作窗帘、毛巾、床上用品等。兰精公司又开发了具有新型功能的Modal产品如应用纳米技术开发的Modal抗菌纤维、Modal抗紫外线纤维、与Lyocell纤维混纺的promodal纤维、彩色

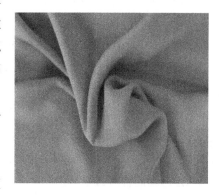

图6-1-10　Modal纤维面料

Modal纤维及超细Modal纤维。应用这些纤维不仅开发出功能性服装产品，而且在新型床上用品、卫生餐厨类用品开发方面有新的突破。

**3. 甲壳素纤维**　甲壳素纤维吸湿性良好，有很好的染色性能，可采用直接、活性、还原、碱性及硫化等多种染料进行染色，色泽鲜艳、手感柔软，但由于甲壳素纤维在酸性溶液中易溶解，所以不能在酸性浴中染色。由于甲壳素纤维含有—$NH_2$，对阴离子型染料亲合力大、上染速度快，易染色不匀。甲壳素纤维在混纺织物中的含量应合适以保证理想

的抗菌效果。

甲壳素与棉混纺可制成各种舒适、抗菌的床上用品，在酸性条件下，甲壳素上的氨基可吸附甲醛，利用此特点可以抑制室内装修所造成的甲醛污染。综合其抑菌性，可以营造清新健康的室内环境。具体可以应用于地毯、窗帘、沙发罩等。在碱性条件下，甲壳素上吸附的甲醛可以脱去，从而再生出甲壳素以循环利用。

**4. 超细纤维**  以涤纶最常见，其他有 PP、PA。虽然超细纤维没有确切的规格，但通常被规定为线密度小于 0.7dtex 的纤维。减少喷丝板上聚合物的吐出量，并以大的拉伸比进行拉伸，能纺得超细纤维。超细纤维主要性能有高吸水性、强去污力、不脱毛、长寿命、易清洗、不掉色。近些年来，超细纤维常用于仿皮家饰用布，这种用布可以提供精致的外观，并且不用担心小孩或狗将其弄脏。BelimaSx 是超细纤维的一种，为高收缩高密度处理织物，常用于椅套、沙发套等。

**（三）大豆蛋白纤维**

大豆蛋白纤维是一种再生植物蛋白质纤维，再生蛋白质纤维是从天然动物牛乳或植物中，提炼出的蛋白质溶解液经纺丝而成。其具有单丝线密度低、密度小、强伸度较高、耐酸碱性较好、手感柔软，具有羊毛般的手感、蚕丝般的柔和光泽、棉纤维的吸湿导湿性及穿着舒适性、羊毛的保暖性，但耐热性较差、纤维本身呈米黄色。由于大豆蛋白纤维所含的蛋白质与皮肤的亲和力好，加上纤维本身具有抑菌作用，所含的甲醛等有害物质大大低于国际标准，因此可用于开发家用纺织品面料。当其与亚麻纤维混纺，采用先进工艺和进口设备加工的轻薄型大提花凉爽毯，因其具有光滑舒适、透气性好、抗紫外线性能好等特点，是夏季理想的床上用品。

**（四）玉米纤维**

又称 PLA 纤维、聚乳酸纤维，PLA 纤维的化学结构上属脂肪族聚酯，是一种崭新的纺织纤维。聚乳酸纤维 PLA 是以玉米、小麦等淀粉原料经发酵、聚合、抽丝而制成。有长丝、短丝、复合丝、单丝。此外，玉米纤维还有轻柔滑顺，强度大，吸湿透气，加工的产品有丝绸般的光泽及舒适的肌肤触感和手感，悬垂性佳，良好的耐热性及抗紫外线的功能。玉米纤维在床上用品如床单、床罩、被褥、枕套等方面的开发优势显著。PLA 纤维之所以受到关注，并显示出越来越强大的生命力，关键在于它具有很好的生物降解性。

**（五）水溶性纤维**

水溶性纤维是指纺织纤维中过渡性的一种工艺纤维，它是利用一种在一定工艺条件下可以溶解在水中的纤维，大多使用该纤维主要是混纺在其他纤维中，可使纺织纱线面料蓬松、纱支变细，使面料柔软轻薄而蓬松，主要有水溶维纶、水溶 PVA、水溶 K-Ⅱ 等，主要采用伴纺工艺。水溶性纤维伴纺的优越性如下：一是原料成本低，水溶 PVA 纤维伴纺可用普通羊毛纺低线密度、轻薄产品；二是生产效率高，采用水溶纤维伴纺，纺纱断头减少、纱线强力增加、不匀率降低、疵点减少；三是织物档次高，采用水溶性纤维混纺后，织物的滑糯性、蓬松性、综合风格值（THV）等都有提高。

在水中溶解或遇水缓慢水解成水溶性分子（或化合物）的纤维，其品种有水溶性聚乙烯醇（PVA）纤维、海藻纤维、羧甲基纤维素纤维。水溶性 PVA 纤维是目前世界上生产的唯一溶于水的合成纤维，它不仅成本低，而且性能比其他水溶性纤维好。水溶性纤维除用作高吸湿卫生用品外，通常都不作为结构材料而保留在最终成品中，它们总是在加工过程的某一个阶段，为取得某种效果而被溶去——力学性能无较高要求。利用水溶性纤维开发的花式全棉织物，有良好的悬垂性、透湿透气性，可用于装饰用织物，如窗帘等。

### （六）功能性纤维

功能纤维分为三大类：第一类是对常规合成纤维改性，克服其固有的缺点；第二类是针对天然纤维和化学纤维原来没有的性能，通过化学和物理改性手段赋予其蓄热、导电、吸水、吸湿、抗菌、消臭、芳香、阻燃等附加性能，使其更适合于人类穿着舒适和装饰应用；第三类是具有特殊功能，如高强、高模、耐热、阻燃的高性能纤维。主要包括有机导电纤维、弹性纤维、防紫外纤维、抗菌防臭纤维、负离子纤维、高吸湿纤维等。功能性纤维因抗菌除臭、芳香、抗紫外线等功能，可生产卫生保健类面料、床上用品以及防护类面料等。抗菌纤维在装饰用纺织品方面使用较广，如纳米级银系抗菌材料应用于聚酯、丙纶和尼龙等成纤聚合物中，纺制出具有高效抗菌功能的合成纤维，其织物产品长效耐洗、手感柔软、种类多样，可以开发床单、枕巾、厨房用品等产品。

### （七）差别化纤维

差别化纤维就是利用对常规纤维进行物理、化学改性的手段而制造的具有某种特性和功能的纤维。按其功能分有防静电、抗起球、防尘、导电、抗辐射、超级功能纤维、生物功能纤维等。差别化纤维具有提高适应性、改善纤维性能、天然化、个性化、增加产品附加值、提高可纺性等特点。

### （八）高性能纤维

高性能纤维为在力学性能上同时具有强度 18cN/dtex、初初始模量 441cN/dtex 的特种纤维。主要品种有有机纤维的对位芳纶、全芳香族聚酯、超高相对分子质量的高强聚乙烯纤维等，无机纤维主要为碳纤维。高性能纤维具有良好的强伸性能、剪切性能、耐疲劳性能、良好的绝热和散热性能等。高性能纤维如其中的碳纤维在商业、民用航空、娱乐、工业和运输方面有广泛应用。

### （九）高感性纤维

高感性纤维是指高功能纤维中，有一类纤维在纺织品的手感、风格、触觉、质感以及成品外观方面有特殊贡献，使最终产品的性能方面，或有独特风格，或优于天然纤维，或实现了特殊功能，是"新合纤""超仿真纤维""超天然纤维"以及后续各种新型纤维的总称，也被人们称作新感性纤维。

## 三、新型纺织纤维材料发展趋势与方向

纵观人类文明的发展史，人类在服饰、衣着方面一直追求更高、更好。直至当代文明，随着科技的发展，人类生活水平的提高，在这机遇与挑战并存时期，纺织行业的发展达到了一个崭新的高度。在纺织原料方面，新型纤维材料更是推陈出新，不再仅仅拘泥于

普通的棉、毛、丝、麻。近年来，随着高分子技术的发展，开发了各种高强度、高功能的新纺织材料，各种新纤维材料已经应用到通信、海洋、航空等高技术产业。如今，世界各国都把发展新材料作为发展经济、推动技术进步的重要方面，各种新型纺织纤维作为当今高技术领域的重要材料，被称为21世纪经济发展的一大支柱。另外，从国际市场发展趋势看，加快环保纤维、环保纺织品、环保染料、环保助剂等研究开发，是提高国际竞争力的关键手段之一。

循环材料就是所用的原料和能源在不断的循环中得到合理利用，节约生态资源。现代纺织材料要求可循环、可再生，实现可持续发展，因此，循环材料的开发和利用应是未来新型材料发展的趋势。天然纤维材料是地球上巨大的再生性生物高分子资源，作为"从自然产生又回到自然"的资源循环型材料具有不可替代的发展优势。人造纤维材料作为传统的纺织材料，其原料多为天然可再生的非石油资源，符合可持续发展的需求。合成纤维多为石油化合物，而石油属原生资源，且常规合成纤维具有不可再生、不可降解性。目前，合成纤维如何进行回收再生是生态材料研究的重点，也是治理环境污染，节约资源和能源，促进合成材料循环使用的一种最积极的废弃物处理方法。已开发了有回收聚合物纤维的原料再循环和回收单体的化学再循环系统。回归自然、适应环境是纺织材料总的发展趋势。生态化纺织材料的发展为保护生存环境，实现纺织工业可持续发展提供了保障，符合21世纪绿色环保型时代的要求。随着社会的文明和进步，未来的纺织工业将成为绿色生态工业。

# 第二节　新技术在装饰用纺织品中的应用

功能性纺织品通常是指超出常规纺织产品的保暖、遮盖和美化功能之外的具有其他特殊功能的纺织品，如常见的抗静电、洗可穿（免烫）、防缩、防蛀、防水、防污、抗皱、抗起球等，还有阻燃、防紫外线、远红外、电磁屏蔽、抗菌消臭与防臭、防辐射、高吸湿等，这些具有特殊功能的纺织品有的仅具有单一功能，也有的具有几种功能的叠加，使其成为多功能或复合功能纺织品。特殊功能指的是通过化学方法和物理方法等对织物、纱线和纤维进行加工。近年很多新技术开始在功能性纺织品开发中使用，如开发具有自动清洁功能的织物，具有交流、娱乐和通信功能的织物，新技术为开发纺织新产品打下了扎实的基础，能够提高功能性纺织品的附加值和技术水平。这些新技术包括等离子体技术、微胶囊技术、生物技术、纳米技术、微电子信息技术等。

## 一、等离子体技术应用

等离子体技术指的是将离子流、中性分子流和光辐射作用在材料的表面，向材料表面高分子传递能量，最终使材料改性。选择适宜的等离子体，在织物的表面物理刻蚀，对织物的表面特性进行改变，如对疏水性材料进行亲水改性，也有使用氮气和氧气离子体对丙纶薄膜进行处理，使其亲水性能得到提高，使接触角进一步降低。

氮和氧等离子处理能够导致鳞片构造产生物理剥落，减少织物表面的含碳水平，提高硫、氮和氧的含量，使羊毛防缩性得到提高，同时增加纤维表面的极性，提高染料对纤维的吸附能力及降低染料向纤维内扩散的空间阻力，从而改善羊毛的染色性能。

真丝纤维在进行等离子处理之后，在纤维表面产生明显的微孔，导致内部结构产生变化，增加纤维的填埋水平，提高材料的活性基团，将真丝织物功能化改性落到实处。

麻织物在进行等离子处理之后，提高纤维表面的湿润水平，使织物的上染率和印花着色水平得到提高。棉纤维在进行等离子处理之后，表面产生部分交联的现象，对纤维的抗缩水平进行改善，如果在介质之中增加氟单体还能够提高拒水整理水平。

## 二、微胶囊技术应用

微胶囊技术指的是使用合成高分子或者天然高分子成膜材料将气体、液体和固体进行包裹、覆盖，将其变为微小的粒子，之后将微胶囊通过适宜的技术进行加工处理，在织物或者纤维中使用，进而研发具有特殊功能的织物，可以针对工艺水平的不同，对微胶囊的大小和形态进行调整，我国目前已经可以生产大小范围为 3～200um 的纳米胶囊。

微胶囊技术具有以下几种优点：功能复合容易实现；隔离和缓释性能较好；选择分子包裹材料的范围较大。因此，可以使用上述技术进行多种功能纺织材料的制作。例如，抗静电剂、阻燃剂和抗菌剂等，可以通过微胶囊在织物中进行处理，在一定的使用条件和加工条件中，能够将自身作用得到最大的发挥。

微胶囊在后整理和印染等方面具有广泛的应用。例如，香精微胶囊能够对香味的释放水平进行人为控制，对其留香的时间进行延长，具有良好的耐洗牢度。在防臭整理方面，可以将微胶囊附着、渗透到纤维表面，提高织物的防臭水平。英国较早开始对具有治疗功能的织物进行探究，能够有效缓解患者的关节炎和湿疹水平，将草药和药品的微胶囊注入织物，使用者通过体温对织物之中的微胶囊加热，将药物通过皮肤向血液中传播，药效具有较好的持久性和耐久性。此外，如果使用具有酸性液晶浆的微胶囊，能够导致织物具有可逆感温变色的效果。

## 三、生物技术应用

生物技术指的是通过生物自身和生物的组成对产品进行制造，对其生物特性进行改性。生物添加剂、基因和生物酶等技术在世界各国的科技竞争和研究开发中得到广泛应用。生物酶技术在开发纺织品的过程中广泛使用，具有准确性和催化效率较高的特征，能够对碱精炼的传统方式进行取代。外国学者对织物进行精炼，能够使吸湿性得到提高，对蛋白质纤维进行蛋白酶处理，能够减少织物的伸缩水平和临界符合，对柔软水平进行改善，减少粗糙水平，提高织物的稳定性。

随着科学技术的飞速发展，基因技术取得突破，如加拿大的专家在羚羊细胞中转移蜘蛛丝蛋白，进而从羚羊乳液中提取到可溶性蛋白，同时对蜘蛛吐丝的技术进行模仿，对动物纤维进行进一步开发，美国一些公司已经在植株中植入蓝色进行基因控制，能够制作天然蓝色的牛仔裤。

生物添加剂在功能性纤维开发上的技术应用主要有三种：添加型共混纺丝技术、接枝改性技术、复合纺丝技术。添加型共混纺丝技术如日本阿巴尼公司的"Batekille"抗菌涤纶，英国考特尔兹公司的 CourteKM 抗菌腈纶。接枝改性技术如日本东洋纺公司的 Vilsil。复合纺丝技术如日本帝人公司的"Daberta"双组分抗菌涤纶。

## 四、纳米技术应用

纳米技术是在纳米尺度（1~100nm）内研究物质的特性和相互作用，并利用这些特性生产出具有某些特定功能的技术制品。在纺织工业中，纳米材料的应用为功能纺织品的开发提供了广阔的思路和可行的方法。

相关研究证明，纳米 $Fe_2O_3$ 和 $SiO_2$ 等材料能够有效吸收大气中的紫外线，在化学纤维内部添加数量较少的纳米颗粒，最终形成吸收紫外线的现象。将含有半导体性能的物质添加入化学纤维之中，能够产生具有良好性能的屏蔽静电功能。通过纳米颗粒除味抗菌，具有安全性和有效性，与传统方式相比，能够合理配置资源，提高使用效率。

纳米云母能够在充满水分和空气的环境中存在，自主分解电子，产生带有正电荷的空穴，最终实现除臭消炎的目的。纳米电气石的量子表面效应和小尺寸效应，导致远红外具有的辐射性能显著增加，是开发具有上述功能织物的重要途径。

### （一）纳米复合远红外系列

远红外发射功能材料与人体接触后，通过吸收人体热量，辐射出远红外线作用于人体，产生共振吸收及穿透皮层组织，直接作用于血管和神经，触发人体自身提供引起组织兴奋所需能量，产生非热效应，导致毛细血管扩张，微循环血流量增加，起到改善人体体表微循环，促进新陈代谢，提高人体表面温度，使血管扩张、改善血液循环、加快血流，激活生物细胞，改善蛋白质等生物大分子的活性，有助于生物酶的生长。加强生物组织的再生功能，促进新陈代谢，增强免疫功能，调节植物神经紊乱，改善亚健康，有利于消肿、止痛，具有显著的医疗、保健、防寒作用。在生产粉体材料的基础上，运用纳米级纳米复合远红外辐射材料与纳米复合抗菌涂饰剂技术相结合，开发纳米复合抗菌远红外织物涂饰剂。

### （二）纳米复合抗菌材料

在整理织物时，采用普通的浸泡、涂敷、喷淋及挤干、烘干或晾干等后整理工艺，即可把纳米复合抗菌材料充分涂敷、填充到织物当中，使织物具有抗菌、防臭、防霉的功能。本产品适用于棉、化纤及皮革等制品的抗菌整理。可广泛应用于家居用品、医护服、病房用品、宾馆用品等多种抗菌织物和抗菌皮革的加工整理。

### （三）纳米紫外屏蔽材料

纳米紫外屏蔽材料系采用具有特殊的紫外光吸收、反射屏蔽功能的纳米二氧化钛等纳米材料制成，紫外线屏蔽率可达95%以上，已广泛应用于涂料、塑料、化纤的耐老化、抗紫外。除粉体材料外，现已形成了浆料和胶料、母粒等不同的应用产品。应用于纺织品的纳米紫外屏蔽材料主要有涂饰剂和化纤母粒两种，整理后的化纤织物均具有良好的紫外线屏蔽功能。

### （四）具有抗菌、远红外和抗紫外功能的纳米织物涂饰剂和人造纤维

由于上述纳米材料均是无机纳米材料，相互之间没有其他的化学、物理反应，而且在性能上还具有互补效应，因此，同时具有上述抗菌、远红外和抗紫外综合功能的纳米织物涂饰剂、丙纶、涤纶等产品应运而生，同时具有任两种综合功能的相应产品也相继产生。

### （五）织物纳米疏水涂饰剂

纳米微粒与纳米固体由于其特有的小尺寸效应，表面界面效应而呈现诸多奇异和反常的理化性质。织物超憎水浆料是利用纳米材料独特的几何形状，与几种助剂互补的界面结构理论，在特种催化剂的作用下，针对各类织物的后整理研制开发出的功能纳米复合浆料。

## 五、微电子信息技术应用

微电子信息技术在使用的过程中，能够导致纺织品具有特殊功能，最终研发智能电子纺织品。在上述纺织品之中，包含通信设备和传感器等，能够保障病人、运动员等人群的需求。智能织物能够对信息进行控制、储存和检查，将对身体数据进行测试的数据向控制中心进行传输，因为其使用微型芯片标签，能够对信息进行储存，使用集成天线对无线数据进行交换。

美国大学相关研究机构目前和相关研究院合作，成功研制新型纺织品，并命名为 E 型织物，上述纺织品具有探测器的部分功能，在军事定位和通信中得到了广泛的使用，是微电子信息技术的重要应用。虽然微电子信息技术在开发的过程中具有广阔的前景，但是开发是一个十分复杂的过程，应该满足几个方面的条件：功能元件应该具有可植入性；上述产品在进入市场之前，应该进行多方面的调查。因为信息技术产品在使用之前，已经在大型系统中建立基础，不仅会涉及技术层面的问题，还关系商业问题和管理问题。

## 六、纺织新技术的应用前景

功能性纺织品是科技发展的趋势，在纺织品开发中的使用范围将不断扩大，同时应将多领域的技术进行联合，进一步提高织物自身的附加值。应该进一步深入研究纺织品的未来发展，在运用新技术的同时，应该重视对织物功能的改善，重视人和自然环境的和谐共生；在发展的同时，重视环境保护，使织物的可持续发展水平得到提高。

---

## 思 考 题

1. 装饰用纺织品开发所用新型纤维有哪些？介绍其中两种典型纤维的特性。

2. 在装饰用纺织品开发中近年采用了哪些新技术？

# 参考文献

[1] 宋建芳，孟家光.纳米材料开发的功能性纺织品 [J].产业用纺织品，2003，21（12）：37-39.

[2] 俊林.纺织品的功能化效应 [J].中国纤检，2008（9）：66-68.

[3] 李瑞萍.两岸功能性纺织品合作的机遇与未来 [J].中国纺织，2017（2）：60-61.

[4] 顾超英.简述功能性纤维与纺织品开发与应用 [J].济南纺织化纤科技，2004（4）：23-27.

[5] 吴金丹，钟齐，王际平.温敏智能纺织材料的研究进展 [J].中国材料进展，2014，33（11）：649-660.